浙江滨江植物 300 种图谱

詹咪莎 陈高坤 李雪芹 黄晓玲 主编

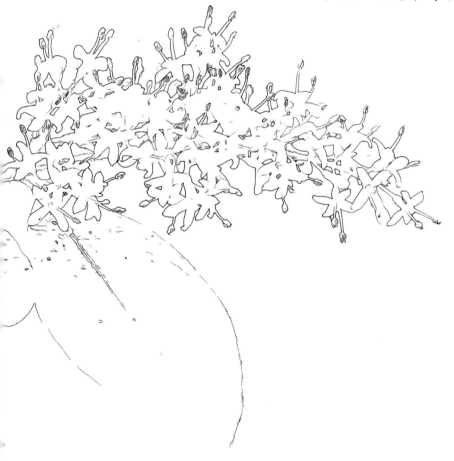

图书在版编目（CIP）数据

浙江滨江植物300种图谱 / 詹咪莎等主编. -- 北京：中国林业出版社, 2022.9

ISBN 978-7-5219-1781-9

Ⅰ.①浙… Ⅱ.①詹… Ⅲ.①植物—诸暨—图谱 Ⅳ.①Q948.525.54-64

中国版本图书馆CIP数据核字(2022)第126130号

策划编辑：李春艳
责任编辑：李春艳
出　　版：中国林业出版社（100009 北京市西城区德内大街刘海胡同7号）
电　　话：010-83143579
发　　行：中国林业出版社
印　　刷：河北京平诚乾印刷有限公司
版　　次：2022年9月第1版
印　　次：2022年9月第1次
开　　本：787mm×1092mm　1/16
印　　张：12
字　　数：260千字
定　　价：98.00元

《浙江滨江植物 300 种图谱》编委会

顾　　问　李根有

主　　编　詹咪莎　陈高坤　李雪芹　黄晓玲

编写人员　（按姓氏拼音排序）
　　　　　　白尚斌　陈高坤　陈哲丰　管嘉文　管　理　韩旖旎　何琼华
　　　　　　黄晓玲　蒋凯薇　金松恒　孔佳杰　李雪芹　楼焕泽　楼俞琼
　　　　　　马丹丹　戚鑫珑　申建双　寿建文　孙国政　王钧杰　吴今涛
　　　　　　宣　艳　詹咪莎　张鼎炜　张国锄　朱向涛

摄　　影　李根有　陈高坤　马丹丹　王钧杰

主持单位　浙江农林大学暨阳学院
　　　　　　浙江省诸暨市园林管理中心

支持单位　浙江省诸暨市水利水电局
　　　　　　浙江宏枫林业勘察设计有限公司
　　　　　　浙江省诸暨市自然资源和规划局

序言

浙江滨江植物
300 种图谱

城市滨水绿地作为一种特殊的绿地类型，具有重要的生态功能和社会功能，在城市中起着不可替代的作用，良好的城市滨水景观不仅可以美化环境，还可以满足人们对生活、娱乐、休闲的需求，并带来新的商机。

随着人们物质文化生活水平的不断提高，城市滨水绿地已经日益受到人们的重视。河道及滨水地带所形成的生态环境是整个自然生态系统的重要组成部分，对人类的生存和发展起着至关重要的作用。在城市层面上，滨水绿地是城市绿色公共开放空间的"心脏"；在生态层面上，滨水绿地以其优质的自然因素使人与环境和谐、平衡地发展；在文化层面上，滨水绿地是展示城市文化风貌的一张别致的"名片"；在社会层面上，滨水绿地具有高品质的休闲资源潜质，对周边商业开发具有重要连带价值。

诸暨市位于浙江省中北部，会稽山脉与龙门山脉之间，浦阳江中游，是越国古越民族聚居地之一，在2013年福布斯中国最富有的10个县级市排名中位居第二。境内群山环抱，一江纵贯其中，气候优越，地形复杂，水源丰富，为众多植物的孕育提供了良好的自然条件。到目前为止，已经有学者对诸暨市的部分公园进行过植物资源调查，对市区内园林植物资源及应用情况已初步掌握。

从2018年开始，在诸暨市水利水电局的大力支持下，浙江农林大学暨阳学院的多位老师及学生，经过多年地努力，对诸暨市内滨江区域开展了系统全面的调查与研究，掌握并收录常见滨江植物300种，隶属76科，编成本书，书中详细介绍了各植物的形态特征、生境特点以及应用价值等内容。本书作为浙江省常见滨江植物认知手册，图文并茂、资料翔实，内容简洁易懂，有较强的科普性、实用性，可供农林类从业人员、园艺工作者及花木种植经营者识别使用。

詹咪莎

2022年7月11日

前言

　　诸暨市位于浙江省中北部，全境处于浙东南、浙西北丘陵山区两大地貌单元的交接地带。境内群山环抱，一江纵贯其中。东部会稽山脉为浦阳江、曹娥江、东阳江分水岭；西部龙门山脉为浦阳江、富春江分水岭。河流属浦阳江水系。浦阳江，中国东海独流入海河流钱塘江支流，曾是东南三大江之一，自浦江县发源地大致南—北向流经诸暨市、萧山区，注入钱塘江，河长150km，东西8条支流呈叶脉形展开；壶源江是钱塘江支流，发源于浦江县天灵岩西北麓高塘，穿过桐庐、诸暨两市后注入富春江，干流长102.8km。所调查的江河属于浙江典型自然河流，且其滨江区具有丰富的自然植物资源和滨江植物景观模式。本书作者长期从事园林设计和植物应用方面的工作，对浙江省内植物景观设计、滨江植物利用和乡土植物种类非常熟悉，在摸清浙江省滨江植物种类的基础上编撰了此书。

　　本书所称的滨江植物是指江中以及滨江30m范围内河岸草地、滩涂、林地、坡地上自然生长的草本和木本植物。研究滨江植物的目的在于滨江区是水陆生态交错带，两种异质生境交汇，使环境趋向复杂多样，由此产生群落时空格局的多样性，增加了滨江带特有种和边缘种的丰富性。自然状态下形成的滨江区河岸带多表现为连续分布的植被带。滨江植物既可以形成景观，也能承载水体循环、净化水体、保持水土、贮水调洪、涵养水源，维护大气成分稳定继而维持城市水文平衡，又能调节温湿度，净化城市空气，吸尘减噪，改善城市小气候，改善城市的生态环境，促使城市可持续健康发展。

　　江河在城市经济发展和生态保护中，具有十分重要的作用，良好的江河景观不仅体现城市品位，还能够给居民带来洁净和健康的生活环境。从魏晋南北朝起，中国园林讲究"崇尚自然，寄情山水"，在"有若自然"的评价标准下创造的园林景观大有"一峰则太华千寻，一勺则江湖万里"之势，因此"亲水性"是中国园林和中国人都具备的天性。但随着人类经济的发展和人口的增多，大量工业废水与生活污水排入河中使得河流受到污染；为了行洪需要，人们修建毫无景观效果的硬质驳岸，隔断河流

浙江滨江植物300种图谱

与周边环境的关系，破坏河流原有的生态功能，洪水问题不但没有解决，反而一场暴雨就能令城市排水系统瘫痪。所以，如何设计出兼具野趣和泄洪功能的生态式江河景观是我们需要思考的问题。而江河植被的应用是解决河道问题的关键点。植物的生存需要一定的环境条件，而反过来植物独特的外观与生长过程不仅能美化环境，还可以起到良好的生态修复作用，当然并非所有植物都能发挥景观与生态作用，一些杂草和入侵植物必须要清除，以防泛滥，影响其他植物生长。鉴于此，本书作者及其团队历时三年对诸暨市浦阳江、壶源江及其支流两侧的滨江植物资源展开了全面深入的调查研究，分析其利用价值及景观提升价值。

本书共收录浙江省滨江植物300种，隶属76科。全书植物种类按照草本、藤本、灌木和乔木四大类分类，其中草本植物231种（包括一二年生草本121种和多年生草本110种）、藤本植物31种（包括草质藤本18种，木质藤本13种）、灌木13种和乔木25种。每类再根据恩格勒植物分类系统顺序排列，图文并茂地介绍了每一种植物的形态特征、生境特点和应用价值等方面信息。

本书面向从事资源调查和管理、规划设计、种苗培育、园林绿化养护等工作的技术人员，也可作为科研教学用书，以及植物爱好者的工具书。

本书在编写过程中，得到了浙江农林大学暨阳学院、浙江省诸暨市水利水电局、浙江省诸暨市园林管理中心、浙江省诸暨市自然资源和规划局以及浙江宏枫林业勘察设计有限公司的大力支持。感谢《浙江植物志》主编李根有教授对本书从调查到编写所给予的精心指导，同时承蒙马丹丹、陈高坤、王钧杰等友情提供图片，在此一并表示衷心感谢！

由于编者经验及学识有限，本书内容虽经反复修改，亦难免会有疏漏和谬误之处，恳请专家和广大读者批评指正。

编者

2022年7月11日

目录 CONTENTS

序言
前言

01 草本植物

一二年生草本 002	刺果毛茛 012
满江红 003	石龙芮 013
蓼子草 003	猫爪草 013
绵毛酸模叶蓼 004	刻叶紫堇 014
长鬃蓼 004	荠 014
长戟叶蓼 005	碎米荠 015
丛枝蓼 005	臭荠 015
长刺酸模 006	北美独行菜 016
藜 006	诸葛菜 016
土荆芥 007	薜菜 017
扫帚菜 007	合萌 017
刺苋 008	紫云英 018
凹头苋 008	鸡眼草 018
皱果苋 009	天蓝苜蓿 019
青葙 009	黄香草木樨 019
蚤缀 010	田菁 020
球序卷耳 010	小巢菜 020
漆姑草 011	大巢菜 021
雀舌草 011	窄叶野豌豆 021
繁缕 012	四籽野豌豆 022

铁苋菜	022	白花鬼针草	042
泽漆	023	狼把草	043
叶下珠	023	石胡荽	043
蜜柑草	024	野塘蒿（香丝草）	044
苘麻	024	小飞蓬	044
地耳草	025	野茼蒿（革命菜）	045
七星莲（蔓茎堇菜）	025	鳢肠	045
紫花堇菜	026	一点红	046
节节菜	026	一年蓬	046
野菱	027	费城飞蓬	047
蛇床	027	睫毛牛膝菊	047
细叶旱芹	028	鼠曲草	048
野胡萝卜	028	泥胡菜	048
小窃衣	029	稻槎菜	049
窃衣	029	黄瓜菜	049
点地梅	030	翅果菊	050
柔弱斑种草	030	蒲儿根	050
盾果草	031	续断菊	051
附地菜	031	苦苣菜	051
宝盖草	032	钻形紫菀	052
益母草	032	苍耳	052
白花益母草	033	黄鹌菜	053
石荠苎	033	小茨藻	053
野紫苏	034	看麦娘	054
荔枝草	034	荩草	054
苦蘵	035	野燕麦	055
龙葵	035	菵草	055
母草	036	雀麦	056
通泉草	036	菩提子（薏苡）	056
直立婆婆纳	037	升马唐	057
蚊母草	037	长芒稗	057
阿拉伯婆婆纳	038	牛筋草	058
婆婆纳	038	糠稷	058
水苦荬	039	白顶早熟禾	059
水蓑衣	039	早熟禾	059
爵床	040	棒头草	060
北美毛车前	040	大狗尾草	060
卵叶异檐花	041	狗尾草	061
藿香蓟	041	碎米莎草	061
大狼把草	042	浮萍	062

紫萍	062
鸭跖草	063

多年生草本 064

节节草	065
蕨	065
井栏边草	066
蘋	066
槐叶	067
糯米团	067
酸模	068
齿果酸模	068
羊蹄	069
牛膝	069
喜旱莲子草	070
美洲商陆	070
牛繁缕（鹅肠菜）	071
莲（荷花）	071
睡莲	072
还亮草	072
禺毛茛	073
毛茛	073
扬子毛茛	074
天葵	074
伏生紫堇（夏天无）	075
博落回	075
珠芽景天	076
蛇莓	076
蛇含委陵菜	077
白车轴草（白三叶）	077
酢浆草	078
野老鹳草	078
元宝草	079
白花堇菜	079
紫花地丁	080
千屈菜	080
柳叶菜	081
黄花水龙	081
粉绿狐尾藻	082
穗花狐尾藻	082
积雪草	083
天胡荽	083
破铜钱	084
香菇草（钱币草）	084
水芹	085
泽珍珠菜	085
马蹄金	086
风轮菜	086
细风轮菜	087
活血丹	087
薄荷	088
水苏	088
匍茎通泉草	089
车前	089
四叶葎	090
猪殃殃	090
半边莲	091
多裂翅果菊	091
艾蒿	092
白苞蒿	092
野艾蒿	093
天名精	093
甘菊	094
刺儿菜	094
小苦荬（齿缘苦荬菜）	095
抱茎小苦荬	095
马兰	096
加拿大一枝黄花	096
蒲公英	097
水烛	097
香蒲	098
菹草	098
眼子菜	099
欧洲慈姑	099
少花象耳草	100
黑藻	100
苦草	101
芦竹	101
花叶芦竹	102
蒲苇	102

狗牙根	103	垂穗薹草	111
疏花野青茅	103	签草（芒尖苔草）	112
知风草	104	风车草（旱伞草）	112
苇状羊茅（高羊茅）	104	香附子	113
白茅	105	水蜈蚣	113
黑麦草	105	水毛花	114
五节芒	106	水葱	114
荻	106	菖蒲	115
芒	107	石菖蒲	115
双穗雀稗	107	大薸	116
狼尾草	108	凤眼莲	116
藎草	108	梭鱼草（海寿花）	117
芦苇	109	野灯心草	117
鹅观草	109	薤白（小根蒜）	118
斑茅	110	黄菖蒲	118
鼠尾粟	110	靓黄美人蕉	119
菰（茭白）	111	再力花	119

02 藤本植物

海金沙	122	盒子草	130
葎草（拉拉秧）	122	千里光	130
何首乌	123	小果蔷薇（小金樱）	131
杠板归	123	雀梅藤	132
三籽两型豆	124	忍冬	132
土圞儿	124	藤葡蟠	133
野大豆	125	木防己	134
乌蔹莓	125	野蔷薇	135
萝藦	126	粉团蔷薇	135
菟丝子	126	高梁泡	136
金灯藤	127	茅莓	137
瘤梗甘薯	127	葛藤（葛麻姆、白花银背藤）	137
橙红茑萝	128	牯岭蛇葡萄	138
茑萝	128	异叶爬山虎	139
白英	129	鸡矢藤	139
东南茜草	129		

03 植物 灌木

小构树	142	枸杞	147
苎麻	142	蓬蘽	147
野山楂	143	白马骨	148
山莓	144	水竹	148
马棘	145	小果菝葜	149
胡枝子	146	土茯苓（光叶菝葜）	149
小蜡	146		

04 植物 乔木

湿地松	152	二乔玉兰	161
香樟	152	法国梧桐（二球悬铃木）	161
秃瓣杜英	153	桃	162
棕榈	153	合欢	163
水杉	154	黄檀	164
池杉	155	苦楝	165
加杨（意杨）	156	香椿	166
垂柳	156	乌桕	167
旱柳	157	黄山栾树（复羽叶栾树）	168
南川柳	157	无患子	169
枫杨	158	白花泡桐	170
构树	159	华东泡桐（台湾泡桐）	170
桑	160		

参考文献 ································· 171
中文名索引 ································· 172
学名索引 ································· 175

浙江滨江植物
300 种图谱

01

植物草本

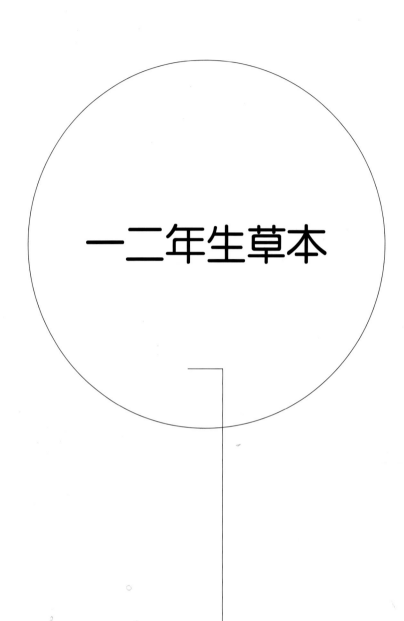

一二年生草本

草 本 植 物

PLANT 001 满江红　*Azolla imbricata* (Roxb. ex Griff.) Nakai
满江红科满江红属

形态特征： 一年生草本。植株体呈三角形状，幼时呈绿色，生长迅速，常在水面上长成一片。秋冬时节，由于叶内含有很多花青素，群体呈现一片红色。根状茎细长横走，侧枝腋生，假二歧分枝，向下生须根。叶小如芝麻，互生，无柄，覆瓦状排列成两行。孢子果双生于分枝处，大孢子果体积小，长卵形，顶部喙状。

应用价值： 满江红不仅是优质绿肥和鱼类、禽畜饲草，还是优良的水生固氮植物，年固氮量高达249～300kg/hm^2，满江红可以降低水体矿化度，调整水体pH值，具有净化水体和富集钾元素的作用。

生境特点： 生于水田和静水沟塘中。

PLANT 002 蓼子草　*Polygonum criopolitanum* Hance
蓼科蓼属

形态特征： 一年生直立草本。高10～15cm。茎自基部分枝，平卧，丛生，节部生根，被长糙伏毛及稀疏的腺毛。叶狭披针形或披针形，两面被糙伏毛，边缘具缘毛及腺毛；托叶鞘膜质，密被糙伏毛，具长缘毛。花序头状，顶生，花序梗密被腺毛。瘦果椭圆形，有光泽，包于宿存花被内。花期7～11月，果期9～12月。

应用价值： 蓼子草植株低矮，叶片形态优雅，颜色翠绿，大面积种植有很强的覆盖效果。花梗直立，花被淡紫色，花药紫色，能够形成很好的点缀效果。

生境特点： 生于河滩沙地、沟边湿地。

PLANT 003 绵毛酸模叶蓼

Polygonum lapathifolium L. var. *salicifolium* Sihbth.
蓼科蓼属

形态特征： 一年生草本。茎直立，高50~100cm，具分枝。叶互生有柄，叶片披针形至宽披针形，叶背面密被白色绵毛层，叶正面有或无黑褐色斑块和毛。穗状花序，数个花序排列成圆锥状；苞片膜质，边缘生稀疏短睫毛；花被4深裂，裂片椭圆形，淡绿色或粉红色；花序圆锥状；花浅红色或浅绿色。瘦果，圆卵形，扁平，两面微凹，长2~3mm，宽约1.4mm，红褐色至黑褐色，有光泽，包于宿存的花被内。花期6~8月，果期7~9月。

应用价值： 具有消肿止痛、消炎等药用价值，花果期具有较好的观赏价值。但也是危害水稻、小麦、棉花、豆类的常见杂草。

生境特点： 生于水边或潮湿地带。

PLANT 004 长鬃蓼

Polygonum longisetum Bruijn
蓼科蓼属

形态特征： 一年生草本。茎直立、上升或基部近平卧，自基部分枝，高30~60cm，无毛，节部稍膨大。叶片披针形或宽披针形；托叶鞘筒形，疏生伏毛，有睫毛。花序穗状，花苞片漏斗状，通常红色，苞片内有花3~6朵，花粉红色或白色。瘦果宽卵形，黑色，有光泽，包于宿存花被内。花期6~8月，果期7~9月。

应用价值： 宜成片栽植于裸地、荒坡，用于绿化覆盖；水边阴湿处也能生长旺盛；与碧草绿树配植，色彩明快宜人。

生境特点： 生于山谷水边、河边草地。

草 本 植 物

PLANT 005 长戟叶蓼　*Polygonum maackianum* Regel
蓼科蓼属

形态特征： 一年生草本。茎直立或上升，多分枝，基部外倾，具纵棱，疏生倒生皮刺，密被星状毛，高30～80cm。叶长戟形，长3～8cm，顶端急尖，基部心形或近截形，两面密被星状毛，有时混生刺毛，中部裂片披针形或狭椭圆形，宽0.6～2cm，侧生裂片向外开展；叶柄长1～5cm，密被星状毛及稀疏的皮刺；托叶鞘筒状，顶部具叶状翅，密被星状毛，翅边缘具牙齿，每牙齿的顶部具1粗刺毛。花序头状顶生或腋生，花序梗通常分枝，密被星状毛及稀疏的腺毛；花被5深裂，淡红色，花被片宽椭圆形。瘦果卵形，深褐色，有光泽，包于宿存花被内。花期6～9月，果期7～10月。

应用价值： 全草入药，有清热解毒、消肿之效。

生境特点： 生于山谷水边、山坡湿地。

PLANT 006 丛枝蓼　*Polygonum posumbu* Buch.-Ham. ex D. Don
蓼科蓼属

形态特征： 一年生草本。茎细弱，无毛，具纵棱，高30～70cm，下部多分枝，外倾。叶卵状披针形或卵形，顶端尾状渐尖，基部宽楔形，纸质；托叶鞘筒状，薄膜质。总状花序呈穗状，顶生或腋生，细弱，下部间断，花稀疏；花被5深裂，淡红色。瘦果卵形，具3棱，黑褐色，有光泽，包于宿存花被内。花期6～9月，果期7～10月。

应用价值： 有一定的药用价值，可治疗急性细菌性痢疾。

生境特点： 生于山坡林下、山谷水边。

PLANT 007 长刺酸模 *Rumex trisetifer* Stokes
蓼科酸模属

形态特征： 一年生草本。高30～80cm。根粗壮，红褐色。茎直立，褐色或红褐色，分枝开展。茎下部叶长圆形或披针状长圆形，顶端急尖，基部楔形，边缘波状；茎上部的叶较小，狭披针形，叶柄长，叶鞘膜质，早落。花序总状，顶生和腋生，具叶，再组成大型圆锥状花序；花两性，多花轮生，上部较紧密；花被片黄绿色，外花被片披针形。瘦果椭圆形，黄褐色。花期5～6月，果期6～7月。

应用价值： 全草入药，能杀虫、清热、凉血，可用于痈疮肿痛、秃疮疥癣、跌打肿痛。

生境特点： 生于低海拔路旁、沟边潮湿处。

PLANT 008 藜 *Chenopodium album* Linn.
蓼科藜属

形态特征： 一年生草本。植株高30～150cm。茎直立，粗壮，具条棱及绿色或紫红色色条，多分枝；枝条斜升或开展。叶片菱状卵形至宽披针形，先端急尖或微钝，基部楔形至宽楔形，叶正面通常无粉，有时嫩叶的正面有紫红色粉，背面多少有粉，边缘具不整齐锯齿；叶柄与叶片近等长，或为叶片长度的1/2。花两性，花簇生于枝上部排列成或大或小的穗状圆锥状或圆锥状花序；花被裂片5，宽卵形至椭圆形，背面具纵隆脊，有粉，先端钝或微凹，边缘膜质；雄蕊5，花药伸出花被；柱头2。果皮与种子贴生。种子横生，边缘钝，黑色，有光泽，表面具浅沟纹；胚环形。花果期5～10月。

应用价值： 幼苗可作蔬菜用，茎叶可喂家畜。全草可入药，能止泻痢，止痒。也是农田杂草。

生境特点： 生于滨江30m范围内的农田、菜园、村舍附近或有轻度盐碱的土地上。

PLANT 009 土荆芥

Dysphania ambrosioides (Linn.) Mosyakin et Clemants
藜科藜属

形态特征：一年生或多年生草本。高50～80cm，有强烈香味。茎直立，多分枝，有色条及钝条棱；枝通常细瘦，有短柔毛并兼有具节的长柔毛，有时近于无毛。叶片矩圆状披针形至披针形，先端急尖或渐尖，边缘具稀疏不整齐的大锯齿，基部渐狭具短柄，叶正面平滑无毛，叶背面有散生油点并沿叶脉稍有毛，上部叶逐渐狭小而近全缘。花两性，通常3～5个团集，生于上部叶腋；花被裂片5，较少为3，绿色，果时通常闭合；雄蕊5；花柱不明显，柱头通常3，较少为4，丝形，伸出花被外。胞果扁球形，完全包于花被内。种子横生或斜生，黑色或暗红色，平滑，有光泽，边缘钝。花期和果期的时间都很长。

应用价值：全草入药，祛风消肿，杀虫止痒。
生境特点：喜生于村旁、路边、河岸等处。

PLANT 010 扫帚菜

Kochia scoparia (Linn.) Schrad. f. *trichophylla* (Hort.) Schinz et Thell.
藜科地肤属

形态特征：一年生草本。高50～100cm。植株呈卵圆至圆球形。根略呈纺锤形。茎直立，圆柱状，淡绿色或带紫红色，有多数条棱，稍有短柔毛或下部几无毛，茎基部半木质化。单叶互生，叶线形或条形。植株为嫩绿色，秋季叶色变红。花被近球形，淡绿色，花被裂片近三角形，无毛或先端稍有毛。胞果扁球形。花期6～9月，果期7～10月。

应用价值：幼苗可作蔬菜，常作中药材，能清湿热、利尿、治皮肤病。植株作扫帚用。
生境特点：生于滨江30m范围内的田边、路旁、荒地等处。

PLANT 011　刺苋　*Amaranthus spinosus* Linn.
苋科苋属

形态特征： 一年生草本。高30～100cm。茎直立，圆柱形或钝棱形，多分枝，有纵条纹，绿色或带紫色，无毛或稍有柔毛。叶片菱状卵形或卵状披针形，顶端圆钝，具微凸头，基部楔形，全缘，无毛或幼时沿叶脉稍有柔毛。圆锥花序腋生及顶生，长3～25cm；花单性，雌花簇生于叶腋，呈球状；雄花集为顶生的直立或微垂的圆柱形穗状花序。胞果矩圆形，在中部以下不规则横裂，包裹在宿存花被片内。种子近球形，直径约1mm，黑色或带棕黑色。花果期7～11月。

应用价值： 刺苋全草供药用，有清热解毒、散血消肿的功效。

生境特点： 生在滨江30m范围内的旷地或为园圃杂草。

PLANT 012　凹头苋　*Amaranthus lividus* Linn.
苋科苋属

形态特征： 一年生草本。植株高10～30cm，全体无毛。茎伏卧而上升，从基部分枝，淡绿色或紫红色。叶片卵形或菱状卵形。花成腋生花簇，直至下部叶的腋部，生在茎端和枝端者成直立穗状花序或圆锥花序；苞片及小苞片矩圆形，果熟时脱落。胞果扁卵形，不裂。种子环形，黑色至黑褐色，边缘具环状边。花期7～8月，果期8～9月。

应用价值： 茎叶可作猪饲料。全草入药，用作止痛、收敛、利尿、解热剂。

生境特点： 生在滨江30m范围内的田野、人家附近的杂草地上。

PLANT 013　皱果苋　*Amaranthus viridis* Linn.
苋科苋属

形态特征： 一年生草本。高40～80cm，全体无毛。茎直立，有不显明棱角，稍有分枝，绿色或带紫色。叶片卵形、卵状矩圆形或卵状椭圆形，顶端尖凹或凹缺，少数圆钝，有1芒尖，基部宽楔形或近截形，全缘或微呈波状缘。圆锥花序顶生，有分枝，由穗状花序形成，圆柱形，细长，直立，顶生花穗比侧生者长；苞片及小苞片披针形，顶端具凸尖；花被片矩圆形或宽倒披针形，内曲，顶端急尖，背部有1绿色隆起中脉。胞果扁球形，不裂，极皱缩，超出花被片。种子近球形，黑色或黑褐色，具薄且锐的环状边缘。花期6～8月，果期8～10月。

应用价值： 嫩茎叶可作野菜食用，也可作饲料。全草入药，有清热解毒、利尿止痛的功效。

生境特点： 生在滨江30m范围内的人家附近的杂草地上或田野间。

PLANT 014　青葙　*Celosia argentea* Linn.
苋科青葙属

形态特征： 一年生草本。全株无毛。茎直立，有分枝。叶矩圆状披针形至披针形。穗状花序长5～8cm，绿色常带红色，顶端急尖或渐尖，具小芒尖，基部渐狭；花多数，密生，穗状花序，长3～10cm；苞片白色，花被片矩圆状披针形，初为白色顶端带红色，或全部粉红色，后成白色，顶端渐尖，花药紫色。胞果卵形，盖裂。种子肾状圆形，黑色，光亮。花期5～8月，果期6～10月。

应用价值： 全草有清热利湿之效。嫩茎叶作蔬菜食用，也可作饲料。

生境特点： 野生或栽培，生于滨江30m范围内的平原、田边、丘陵、山坡。

PLANT 015 蚤缀 *Arenaria serpyllifolia* Linn.
石竹科无心菜属

形态特征： 一年或二年生小草本。全株有白色短柔毛。茎丛生，自基部分枝，下部平卧，上部直立，高10～30cm，密生倒毛。叶小，圆卵形，两面疏生柔毛，有睫毛，并有细乳头状腺点；无柄。聚伞花序疏生枝端；苞片和小苞片叶质，卵形，密生柔毛；花梗细，长0.6～1cm，密生柔毛及腺毛；萼片披针形，有3脉，背面有毛，边缘膜质；花瓣倒卵形，白色，全缘；雄蕊10；花柱3。蒴果卵形，6瓣裂；种子肾形，淡褐色，密生小疣状突起。花期4～5月，果期5～6月。

应用价值： 全草药用，有清热、解毒之效。

生境特点： 生于滨江30m范围内的路旁、荒地及田野中。

PLANT 016 球序卷耳 *Cerastium glomeratum* Thuill.
石竹科卷耳属

形态特征： 一年生草本。茎单生或丛生，密被长柔毛，上部混生腺毛。茎下部叶叶片匙形，顶端钝，基部渐狭成柄状；上部茎生叶叶片倒卵状椭圆形，宽5～10mm，顶端急尖，基部渐狭成短柄状，两面皆被长柔毛，边缘具缘毛，中脉明显。聚伞花序，花序轴密被腺柔毛；苞片草质，卵状椭圆形，密被柔毛；花梗细，密被柔毛；萼片5，披针形，顶端尖，外面密被长腺毛，边缘狭膜质；花瓣5，白色，线状长圆形，与萼片近等长或微长，顶端2浅裂，基部被疏柔毛。蒴果长圆柱形。种子褐色，扁三角形，具疣状凸起。花期3～4月，果期5～6月。

应用价值： 有一定的药用价值。营养价值高，可作饲料。

生境特点： 生于滨江30m范围内的山坡草地。

草本植物

PLANT 017 漆姑草 *Sagina japonica* (Sw.) Ohwi
石竹科漆姑草属

形态特征： 一年生小草本。高5~20cm，上部被稀疏腺柔毛。茎丛生，稍铺散。叶片线形，顶端急尖，无毛。花小形，单生枝端；花梗细，被稀疏短柔毛；萼片5，卵状椭圆形，顶端尖或钝，外面疏生短腺柔毛，边缘膜质；花瓣5，狭卵形，稍短于萼片，白色，顶端圆钝，全缘；雄蕊5，短于花瓣；子房卵圆形，花柱5，线形。蒴果卵圆形，微长于宿存萼，5瓣裂。种子细，圆肾形，微扁，褐色，表面具尖瘤状凸起。花期3~5月，果期5~6月。

应用价值： 全草药用，有退热解毒之效，鲜叶揉汁涂漆疮有效。嫩株可作猪饲料。

生境特点： 生于河岸沙质地、撂荒地或路旁草地。

PLANT 018 雀舌草 *Stellaria alsine* Grimm.
石竹科繁缕属

形态特征： 一年生草本。高15~25（35）cm，全株无毛。茎丛生，稍铺散，上升，多分枝。叶无柄，叶片披针形至长圆状披针形，顶端渐尖，基部楔形，半抱茎，边缘软骨质，呈微波状，基部具疏缘毛，两面微显粉绿色。聚伞花序通常具3~5花，顶生或花单生叶腋，花白色。蒴果卵圆形，与宿存萼等长或稍长，6齿裂。种子肾脏形，微扁，褐色，具皱纹状凸起。花期5~6月，果期7~8月。

应用价值： 全株药用，可强筋骨，治刀伤。常与繁缕草、看麦娘等植物一同作为禽畜的饲料。

生境特点： 生于田间、溪岸或潮湿地。

PLANT 019 繁缕 *Stellaria media* (Linn.) Vill.
石竹科繁缕属

形态特征： 一年生或二年生草本，高10～30cm。茎横卧地面或上升，基部多少分枝，常带淡紫红色。叶片宽卵形或卵形，顶端渐尖或急尖，基部渐狭或近心形，全缘；基生叶具长柄，上部叶常无柄或具短柄。疏聚伞花序顶生；花梗细弱，花后伸长，下垂；萼片5，卵状披针形，顶端稍钝或近圆形，边缘宽膜质，外面被短腺毛；花瓣白色，长椭圆形，比萼片短，深2裂达基部，裂片近线形。蒴果卵形，稍长于宿存萼，顶端6裂，具多数种子。种子卵圆形至近圆形，稍扁，红褐色，表面具半球形瘤状凸起。花期6～7月，果期7～8月。

应用价值： 茎、叶及种子供药用，嫩苗可食。但据《东北草本植物志》记载为有毒植物，家畜食用会引起中毒及死亡。

生境特点： 生长于湿润的田野间。

PLANT 020 刺果毛茛 *Ranunculus muricatus* Linn.
毛茛科毛茛属

形态特征： 一年生草本。茎高10～30cm，自基部多分枝，倾斜上升，近无毛。基生叶和茎生叶均有长柄；叶片近圆形，顶端钝，基部截形或稍心形，3中裂至3深裂，裂片宽卵状楔形，边缘有缺刻状浅裂或粗齿，通常无毛；叶柄无毛或边缘疏生柔毛，基部有膜质宽鞘。上部叶较小，叶柄较短。花多，直径1～2cm，花瓣5，黄色。瘦果宽扁，两面有一圈具疣基的弯刺。花果期4～6月。

应用价值： 刺果毛茛植株娇小可爱，花色亮丽，成片种植可形成良好的景观效果。并具有一定的药用价值。

生境特点： 生于滨江30m范围内的道旁田野的杂草丛中。

草 本 植 物

PLANT 021 石龙芮 *Ranunculus sceleratus* Linn.
毛茛科毛茛属

形态特征： 一年生草本。须根簇生。茎直立，高10~50cm，上部多分枝，具多数节，下部节上有时生根，无毛或疏生柔毛。基生叶多数，叶片肾状圆形，基部心形，3深裂不达基部，顶端钝圆，有粗圆齿，无毛；叶柄近无毛。茎生叶多数，下部叶与基生叶相似，上部叶较小，3全裂，裂片披针形至线形，全缘，无毛，顶端圆钝，基部扩大成膜质宽鞘抱茎。聚伞花序有多数花，花小，花梗无毛；花瓣5，倒卵形，等长或稍长于花萼，基部有短爪。聚合果长圆形，瘦果极多数。花果期5~8月。

应用价值： 全草含原白头翁素，有毒，药用能消结核、截疟及治痈肿、疮毒、蛇毒和风寒湿痹。

生境特点： 生于河沟边及平原湿地。

PLANT 022 猫爪草 *Ranunculus ternatus* Thunb.
毛茛科毛茛属

形态特征： 一年生草本。簇生多数肉质小块根，顶端质硬，形似猫爪。茎铺散，高可达20cm，多分枝，较柔软，大多无毛。基生叶有长柄；叶片形状多变，宽卵形至圆肾形，叶片较小，裂片线形。花单生茎顶和分枝顶端，花瓣黄色或后变白色，倒卵形，花托无毛。聚合果近球形；瘦果卵球形，无毛，边缘有纵肋，喙细短。花期3~4月，果期4~7月。

应用价值： 该种花姿娇小玲珑，花色明快，适应性强，宜成片植于草坪上、疏林下，野趣盎然，也宜洼地、溪边等潮湿处作地被覆盖。

生境特点： 生于平原湿草地或田边荒地。

PLANT 023 刻叶紫堇 *Corydalis incisa* (Thunb.) Pers.
罂粟科紫堇属

形态特征： 二年生草本。植株灰绿色，直立。茎不分枝或少分枝，具叶。叶具长柄，基部具鞘，叶片菱形或宽楔形，三深裂，裂片具缺刻状齿。总状花序长，多花，先密集，后疏离；花紫红色至紫色，稀淡蓝色至苍白色，平展，大小的变异幅度较大；外花瓣顶端圆钝，平截至多少下凹，顶端稍后具陡峭的鸡冠状突起；上花瓣距圆筒形，近直，约与瓣片等长或稍短；内花瓣顶端深紫色。蒴果线形至长圆形，长1.5~2cm，具1列种子。花期3~4月，果期5~6月。

应用价值： 刻叶紫堇叶片颜色鲜艳，植株秀美，成片种植效果良好，可推广应用。并具有一定的药用价值。

生境特点： 生于滨江30m范围内的林缘，路边或疏林下。

PLANT 024 荠 *Capsella bursa-pastoris* (Linn.) Medic.
十字花科荠属

形态特征： 一年生或二年生草本。高30~40cm。主茎瘦长，白色，直下，分枝。茎直立，分枝。根生叶丛生，羽状深裂，稀全缘，上部裂片三角形；茎生叶长圆形或线状披针形，顶部几成线形，基部成耳状抱茎，边缘有缺刻或锯齿，或近于全缘，叶两面生有单一或分枝的细柔毛，边缘疏生白色长睫毛。花多数，顶及腋生总状花序；花瓣倒卵形，有爪，白色，十字形开放。短角果倒三角形或倒心状三角形，扁平，无毛，顶端微凹，裂瓣具网脉。种子细小，着生在假隔膜上，长椭圆形，浅褐色。花果期4~6月。

应用价值： 全草入药，有利尿、止血、清热、明目、消积功效。茎叶作蔬菜食用。种子含油20%~30%，属干性油，供制油漆及肥皂用。

生境特点： 野生于滨江30m范围内的田野、山坡、田边及路旁。

草 本 植 物

PLANT 025 碎米荠 *Cardamine hirsuta* Linn.
十字花科碎米荠属

形态特征： 一年生小草本。茎直立或斜升，下部有时淡紫色，上部毛渐少。基生叶具叶柄，顶生小叶肾形或肾圆形；茎生叶具短柄；全部小叶两面稍有毛。总状花序生于枝顶，花小，花梗纤细；花瓣白色，倒卵形。长角果线形，稍扁，无毛；果梗纤细，直立开展。种子椭圆形，顶端有的具明显的翅。花期2~4月，果期4~6月。

应用价值： 碎米荠为中国田间常见野菜，含有蛋白质、脂肪、碳水化合物、多种维生素、矿物质，可凉拌，做蛋汤等，味鲜、富含营养，并具有药用价值。

生境特点： 多生于海拔1000m以下的山坡、路旁、荒地及耕地的草丛中。

PLANT 026 臭荠 *Coronopus didymus* (Linn.) J. E. Smith
十字花科臭荠属

形态特征： 一年或二年生匍匐草本。全草有臭气，通常铺地生，高可达80cm。茎直立，多分枝，主茎短且不显明，基部多分枝，无毛或有长单毛。叶为一回或二回羽状全裂，裂片线形或狭长圆形，先端急尖，基部楔形，全缘，两面无毛，幼苗及叶片揉烂后有臭味。总状花序，花极小，白色，萼片具有白色膜质边缘；具白色长圆形花瓣或无花瓣。短角果肾形，果瓣半球形，表面有粗糙皱纹。种子肾形，红棕色。果实成熟时沿中央分离而不开裂。花期3月，果期4~5月。

应用价值： 对贫瘠干旱的土壤具有一定的耐受性，种子细小，出土萌发，覆盖力强。

生境特点： 多生在滨江30m范围内的路旁或荒地。

PLANT 027 北美独行菜 *Lepidium virginicum* Linn.
十字花科独行菜属

形态特征： 一年或二年生草本。茎单一，直立，上部分枝，具柱状腺毛。基生叶倒披针形，羽状分裂或大头羽裂，裂片大小不等，卵形或长圆形，边缘有锯齿，两面有短伏毛；叶柄长1～1.5cm；茎生叶有短柄，倒披针形或线形，顶端急尖，基部渐狭，边缘有尖锯齿或全缘。总状花序顶生；萼片椭圆形；花瓣白色，倒卵形，和萼片等长或稍长。短角果近圆形。种子卵形。花期4～5月，果期6～7月。

应用价值： 种子入药，有利水平喘功效，也作葶苈子用。全草可作饲料。

生境特点： 生在滨江30m范围内的田边或荒地，为田间杂草。

PLANT 028 诸葛菜 *Orychophragmus violaceus* (Linn.) O. E. Schulz
十字花科诸葛菜属

形态特征： 一年或二年生草本。茎单一，直立，基部或上部稍有分枝，浅绿色或带紫色。基生叶及下部茎生叶大头羽状全裂，顶裂片近圆形或短卵形，基部心形，有钝齿，卵形或三角状卵形，越向下越小；上部叶长圆形或窄卵形，顶端急尖，基部耳状，抱茎，边缘有不整齐牙齿。花紫色、浅红色或褪成白色；花萼筒状，紫色，萼片长约3mm；花瓣宽倒卵形，密生细脉纹，爪长3～6mm。长角果线形，果梗长8～15mm。种子卵形至长圆形，稍扁平，黑棕色，有纵条纹。花期4～5月，果期5～6月。

应用价值： 诸葛菜又名二月蓝，冬季绿叶葱翠，春花柔美悦目，早春花开成片，花期长，适用于大面积地面覆盖，可作草坪及地被，也可植于坡地、道路两侧等，园林绿化中已有应用。

生境特点： 生于滨江30m范围内的平原、山地、路旁或地边。

PLANT 029 蔊菜 *Rorippa indica* (Linn.) Hiern
十字花科蔊菜属

形态特征： 一、二年生直立草本。植株较粗壮，无毛或具疏毛。茎单一或分枝，表面具纵沟。叶互生，基生叶及茎下部叶具长柄，叶形多变化，通常大头羽状分裂，顶端裂片大，卵状披针形，边缘具不整齐牙齿；茎上部叶片宽披针形或匙形，边缘具疏齿，具短柄或基部耳状抱茎。总状花序顶生或侧生，花小，多数，具细花梗；萼片4；花瓣4，黄色，匙形，基部渐狭成短爪，与萼片近等长；雄蕊6，2枚稍短。长角果线状圆柱形，短而粗，直立或稍内弯，成熟时果瓣隆起；果梗纤细，斜升或近水平开展。种子每室2行，卵圆形而扁，一端微凹，表面褐色，具细网纹。花期4～6月，果期6～8月。

应用价值： 全草药用。茎叶可作野菜食用或作饲料，种子可榨油。

生境特点： 生于路旁、田边、园圃、河边、屋边墙脚及山坡路旁等较潮湿处。

PLANT 030 合萌 *Aeschynomene indica* Linn.
豆科合萌属

形态特征： 一年生草本或亚灌木状植物。茎直立。叶对生，叶具20～30对小叶或更多；托叶膜质，卵形至披针形，基部下延成耳状，通常有缺刻或啮蚀状；小叶近无柄，薄纸质，线状长圆形，叶正面密布腺点，背面稍带白粉，先端钝圆或微凹，具细刺尖头，基部歪斜，全缘；小托叶极小。总状花序，腋生，花萼膜质，花冠淡黄色，子房扁平，线形。荚果线状长圆形，直或弯曲，腹缝直，背缝多少呈波状；荚节4～8（～10），平滑或中央有小疣凸，不开裂，成熟时逐节脱落；种子黑棕色，肾形。花果期7～10月。

应用价值： 全草入药，能利尿解毒。该种为优良的绿肥植物。

生境特点： 除草原、荒漠外，生于林区及其边缘。

PLANT 031 紫云英 *Astragalus sinicus* Linn.
豆科黄耆属

形态特征： 二年生草本植物。匍匐多分枝，高可达30cm。奇数羽状复叶，叶柄较叶轴短；托叶离生，小叶倒卵形或椭圆形，先端钝圆或微凹，基部宽楔形，叶正面近无毛，背面散生白色柔毛。总状花序，呈伞形；总花梗腋生，苞片三角状卵形，花梗短；花萼钟状，萼齿披针形；花冠紫红色或橙黄色，旗瓣倒卵形，瓣片长圆形。荚果线状长圆形。种子肾形，栗褐色。花期2~6月，果期3~7月。

应用价值： 紫云英是一种重要的绿肥作物，其固氮能力强，利用效率高。它还是一种牲畜饲料，适口性好，各种家畜都喜食，营养丰富。其嫩梢亦可供蔬食。

生境特点： 生于山坡、溪边及潮湿处。

PLANT 032 鸡眼草 *Kummerowia striata* (Thunb.) Schindl.
豆科鸡眼草属

形态特征： 一年生草本植物。披散或平卧，多分枝，茎和枝上被倒生的白色细毛。叶为三出羽状复叶，叶柄极短，小叶纸质，全缘。花小，花冠粉红色或紫色，旗瓣椭圆形。荚果圆形或倒卵形，稍侧扁，为较萼稍长或长达一倍，先端短尖，被小柔毛。花期7~9月，果期8~10月。

应用价值： 全草供药用，有利尿通淋、解热止痢之效。

生境特点： 生于路旁、田边、溪旁、砂质地或缓山坡草地。

草本植物

PLANT 033 天蓝苜蓿 *Medicago lupulina* Linn.
豆科苜蓿属

形态特征： 一、二年生或多年生草本。全株被柔毛或有腺毛。主根浅，须根发达。茎平卧或上升，多分枝，叶茂盛。羽状三出复叶；托叶卵状披针形；小叶倒卵形、阔倒卵形或倒心形。花序小头状，具花10~20朵；总花梗细，挺直，比叶长，密被贴伏柔毛；花冠黄色，旗瓣近圆形。荚果肾形，表面具同心弧形脉纹，被稀疏毛，熟时变黑。种子卵形，褐色，平滑。花期7~9月，果期8~10月。

应用价值： 天蓝苜蓿不但是一种优良的豆科牧草，也是一种良好的冬绿草坪和绿肥植物。

生境特点： 适于凉爽气候及水分良好土壤，常见于河岸、路边、田野及林缘。

PLANT 034 黄香草木樨 *Melilotus officinalis* (Linn.) Pall.
豆科草木樨属

形态特征： 二年生草本植物。茎直立，粗壮，多分枝，具纵棱，微被柔毛。小叶倒卵形、阔卵形、倒披针形至线形，先端钝圆或截形，基部阔楔形，边缘具不整齐疏浅齿，叶正面无毛，粗糙，背面散生短柔毛，平行直达齿尖，两面均不隆起，顶生小叶稍大，具较长的小叶柄，侧小叶的小叶柄短。总状花序，腋生，具花30~70朵，荚果卵形。种子卵形，黄褐色，平滑。花期5~9月，果期6~10月。

应用价值： 黄香草木樨为常见牧草，茎秆粗壮、植株较高，分枝茂盛，高可达2m以上，可能会对水利安全造成一定的隐患。

生境特点： 生于山坡、河岸、路旁、砂质草地及林缘。

PLANT 035 田菁 *Sesbania cannabina* (Retz.) Poir.
豆科田菁属

形态特征： 一年生草本。茎绿色，有时带褐红色，微被白粉，有不明显淡绿色线纹。平滑，基部有多数不定根，幼枝疏被白色绢毛，后秃净，折断有白色黏液，枝髓粗大充实。羽状复叶；叶轴上具沟槽，幼时疏被绢毛，后而无毛；托叶披针形，早落；小叶对生或近对生，线状长圆形；小托叶钻形，短于或几等于小叶柄，宿存。总状花序，排列疏松，具2~6朵花；苞片线状披针形，小苞片2枚，均早落；花萼斜钟状，无毛；花冠黄色。荚果细长，长圆柱形，外面具黑褐色斑纹，喙尖，果颈长约5mm，开裂。种子绿褐色，有光泽，短圆柱状，稍偏于一端。花果期7~12月。

应用价值： 茎、叶可作绿肥及牲畜饲料。

生境特点： 通常生于水田、水沟等潮湿低地。

PLANT 036 小巢菜 *Vicia hirsuta* (Linn.) S. F. Gray
豆科野豌豆属

形态特征： 一年生草本，攀缘或蔓生。茎细柔有棱，近无毛。偶数羽状复叶末端卷须分枝；托叶线形，基部有2~3裂齿；小叶4~8对，线形或狭长圆形，长0.5~1.5cm，宽0.1~0.3cm，先端平截，具短尖头，基部渐狭，无毛。总状花序明显短于叶；花冠白色、淡蓝青色或紫白色，稀粉红色，旗瓣椭圆形，先端平截有凹，翼瓣近匀形，与旗瓣近等长，龙骨瓣较短。荚果长圆菱形，表皮密被棕褐色长硬毛。种子扁圆形，两面凸出，种脐长相当于种子圆周的1/3。花果期2~7月。

应用价值： 全草入药，活血消炎。常用于绿肥及饲料，牲畜喜食。

生境特点： 生于山沟、河滩、田边或路旁草丛。

PLANT 037 大巢菜 *Vicia sativa* Linn.
豆科野豌豆属

形态特征： 多年生草本。灌木状，全株被白色柔毛。根茎粗壮，表皮深褐色，近木质化。茎有棱，多分枝，被白柔毛。偶数羽状复叶，顶端卷须有2~3分枝或单一，托叶2深裂，裂片披针形，长约0.6cm；小叶3~6对，近互生，椭圆形或卵圆形，长1.5~3cm，宽0.7~1.7cm，先端钝，具短尖头，基部圆形，两面被疏柔毛，叶脉7~8对，叶背面中脉凸出，被灰白色柔毛。总状花序长于叶；花6~16朵，稀疏着生于花序轴上部；花冠白色、粉红色、紫色或雪青色。荚果长圆形或菱形，表皮红褐色。种子2~3枚，肾形，表皮红褐色。花期6~7月，果期8~10月。

应用价值： 有药用价值和饲用价值。

生境特点： 生于林下、河滩、草丛及灌丛。

PLANT 038 窄叶野豌豆 *Vicia sativa* Linn. ssp. *nigra* Ehrhart
豆科野豌豆属

形态特征： 一年生或二年生草本。高20~50（~80）cm。茎斜升、蔓生或攀缘，多分枝，被疏柔毛。偶数羽状复叶长2~6cm，叶轴顶端卷须发达；托叶半箭头形或披针形，长约0.15cm，有2~5齿，被微柔毛；小叶4~6对，线形或线状长圆形，长1~2.5cm，宽0.2~0.5cm，先端平截或微凹，具短尖头，基部近楔形，叶脉不甚明显，两面被浅黄色疏柔毛。花1~2（3~4）腋生，有小苞叶；花萼钟形，萼齿5，三角形，外面被黄色疏柔毛；花冠红色或紫红色，旗瓣倒卵形，先端圆、微凹，有瓣柄，龙骨瓣短于翼瓣。荚果长线形，微弯。种皮黑褐色，革质，种脐线形。花期3~6月，果期5~9月。

应用价值： 可作为绿肥及牧草。

生境特点： 生于河滩、山沟、谷地、田边草丛。

PLANT 039　四籽野豌豆　*Vicia tetrasperma* (Linn.) Schreber
豆科野豌豆属

形态特征： 一年生缠绕草本，高20~60cm。茎纤细柔软，有棱，多分枝，被微柔毛。偶数羽状复叶，长2~4cm；顶端为卷须；托叶箭头形或半三角形；小叶2~6对，长圆形或线形，先端圆，具短尖头，基部楔形。总状花序长约3cm，花1~2朵着生于花序轴先端，花甚小，仅长约0.3cm；花萼斜钟状，萼齿圆三角形；花冠淡蓝色或带蓝、紫白色，旗瓣长圆倒卵形，翼瓣与龙骨瓣近等长。荚果长圆形，表皮棕黄色，近革质，具网纹。种子4枚，扁圆形，种皮褐色，种脐白色。花期3~6月，果期6~8月。

应用价值： 全草药用。为优良牧草，嫩叶可食。

生境特点： 生于山谷、草地阳坡。

PLANT 040　铁苋菜　*Acalypha australis* Linn.
大戟科铁苋菜属

形态特征： 一年生草本。小枝细长，被贴伏柔毛，毛逐渐稀疏。叶膜质，长卵形、近菱状卵形或阔披针形。雌雄花同序，花序腋生，稀顶生；花序梗长0.5~3cm，花梗长0.5mm。蒴果直径4mm，具3个分果爿，果皮具疏生毛和毛基变厚的小瘤体。种子近卵状，种皮平滑。花果期4~12月。

应用价值： 全草或地上部分入药，具有清热解毒、利湿消积、收敛止血的功效。嫩叶可食用，为南方各地民间野菜品种之一。

生境特点： 生于山坡较湿润耕地和空旷草地，有时在石灰岩山疏林下可见。

草本植物

PLANT 041 泽漆 *Euphorbia helioscopia* Linn.
大戟科大戟属

形态特征： 一年生或二年生草本，全株含乳汁。茎基部分枝，带紫红色，光滑无毛。叶互生，倒卵形或匙形，先端具牙齿，中部以下渐狭或呈楔形。总花序多歧聚伞状，顶生，有5伞梗，每伞梗生3个小伞梗，每小伞梗又第三回分为二叉；杯状聚伞花序钟形。蒴果光滑无毛。种子卵形，表面具凸起的网纹。花期4~5月，果期6~7月。

应用价值： 全草入药，有清热、祛痰、利尿消肿及杀虫之效。

生境特点： 生于山沟、路旁、荒野和山坡。

PLANT 042 叶下珠 *Phyllanthus urinaria* Linn.
大戟科叶下珠属

形态特征： 一年生草本。茎通常直立，基部多分枝，枝倾卧而后上升；枝具翅状纵棱，上部被一纵列疏短柔毛。叶片纸质，因叶柄扭转而呈羽状排列，叶背面灰绿色，近边缘或边缘有1~3列短粗毛；侧脉每边4~5条，明显；叶柄极短；托叶卵状披针形，长约1.5mm。花雌雄同株，雌花黄白色。蒴果圆球状，红色，表面具小凸刺，有宿存的花柱和萼片，开裂后轴柱宿存。种子橙黄色。花期4~6月，果期7~11月。

应用价值： 全草有解毒、消炎、清热止泻、利尿之效。

生境特点： 通常生于海拔500m以下旷野平地、旱田、山地路旁或林缘。

PLANT 043 蜜柑草 *Phyllanthus ussuriensis* Rupr. et Maxim.
大戟科叶下珠属

形态特征： 一年生草本。高15~60cm，全株光滑无毛。茎直立，分枝细长。叶互生，具短柄；托叶小，2枚；叶片条形或披针形，长8~20mm，宽2~5mm，先端尖，基部近圆形。花簇生或单生于叶腋；花小，单性，雌雄同株；无花瓣；雄花萼片4，花盘腺体4，分离，与萼片互生，无退化子房；雌花萼片6，花盘腺体6，子房6室，柱头6。蒴果有细柄，下垂，圆形，褐色，表面平滑；种子三角形，灰褐色，具细瘤点。花期7~8月，果期9~10月。

应用价值： 全草入药，有清热利湿、清肝明目之效。

生境特点： 生于滨江30m范围内的山坡或路旁。

PLANT 044 苘麻 *Abutilon theophrasti* Medik.
锦葵科苘麻属

形态特征： 一年生亚灌木状草本。茎枝被柔毛。叶圆心形，边缘具细圆锯齿，两面均密被星状柔毛；叶柄被星状细柔毛；托叶早落。花单生于叶腋，花梗被柔毛；花萼杯状，裂片卵形；花黄色，花瓣倒卵形。蒴果半球形。种子肾形，褐色，被星状柔毛。花期7~8月。

应用价值： 茎皮纤维可编织麻袋、搓绳索、编麻鞋等纺织材料。种子含油量15%~16%，供制皂、油漆和工业用润滑油。种子、根、全草或叶都可入药。

生境特点： 常见于滨江30m范围内的路旁、荒地和田野间。

草本植物

PLANT 045 地耳草

Hypericum japonicum Thunb.
藤黄科金丝桃属

形态特征： 一年生或多年生草本，高2~45cm。茎单一或多少簇生，直立或外倾或匍地而在基部生根，散布淡色腺点。叶无柄，叶片通常卵形或卵状三角形至长圆形或椭圆形，先端近锐尖至圆形，基部心形抱茎至截形。花序具1~30花，花瓣白色、淡黄至橙黄色，椭圆形或长圆形。蒴果短圆柱形至圆球形。种子淡黄色，圆柱形，两端锐尖，有细蜂窝纹。花期3~5月，果期6~10月。

应用价值： 全草入药，能清热解毒、止血消肿，治肝炎、跌打损伤以及疮毒。

生境特点： 生于滨江30m范围内的田边、沟边、草地以及撂荒地上。

PLANT 046 七星莲（蔓茎堇菜）

Viola diffusa Ging.
堇菜科堇菜属

形态特征： 一年生草本植物。匍匐枝先端具莲座状叶丛，通常不定根。根状茎短。基生叶多数，叶片卵形或卵状长圆形，幼叶两面密被白色柔毛，叶柄具明显的翅，通常有毛；托叶基部与叶柄合生，线状披针形，先端渐尖。花较小，淡紫色或浅黄色，花梗纤细；萼片披针形，先端尖；子房无毛，花柱棍棒状。蒴果长圆形，无毛，顶端常具宿存的花柱。花期3~5月，果期5~8月。

应用价值： 药用，清热解毒、消肿排脓、清肺止咳。

生境特点： 生于山地林下、林缘、草坡、溪谷旁、岩石缝隙中。

PLANT 047 紫花堇菜 *Viola grypoceras* A. Gray
堇菜科堇菜属

形态特征： 一年生草本。全体被糙毛或白色柔毛，或近无毛，花期生出地上匍匐枝。匍匐枝先端具莲座状叶丛，通常生不定根。根状茎短，具多条白色细根及纤维状根。基生叶多数，丛生呈莲座状，或于匍匐枝上互生；叶片卵形或卵状长圆形。花较小，淡紫色或浅黄色，具长梗，生于基生叶或匍匐枝叶丛的叶腋间。蒴果椭圆形，密生褐色腺点，先端短尖。花期4~5月，果期6~8月。

应用价值： 药用，清热解毒、止血、化瘀消肿。

生境特点： 生于草甸、灌木林中、河谷、开阔地、路边、山坡、湿地。

PLANT 048 节节菜 *Rotala indica* (Willd.) Koehne
千屈菜科节节菜属

形态特征： 一年生草本。茎多分枝，节上生根，常略具4棱，基部常匍匐，上部直立或稍披散。叶对生，无柄或近无柄。花瓣极小，倒卵形，长不及萼裂片之半，淡红色，宿存；雄蕊4；子房椭圆形，顶端狭，长约1mm，花柱丝状，长为子房之半或近相等。蒴果椭圆形，稍有棱。花期9~10月，果期10月至翌年4月。

应用价值： 田间杂草。嫩苗可供蔬食。全草可入药，具清热解毒之功效。

生境特点： 常生于稻田中或湿地上。

草本植物

PLANT 049 野菱 *Trapa incisa* Sieb. et Zucc.
菱科菱属

形态特征： 一年生水生草本。四角刻叶菱的变种。叶二型，浮生于水面的叶通常斜方形或三角状菱形，叶正面深绿色，有光泽，背面淡绿色，无毛；沉水叶羽状细裂；叶柄中上部稍膨大，绿色无毛。花白色，腋生。坚果三角形，很小，其四角或两角有尖锐的刺，绿色，上方两刺向上伸长，下方两刺朝下；果柄细而短。花期7～8月，果期8～10月。

应用价值： 国家二级重点保护野生植物。果实小，富含淀粉，可供食用。

生境特点： 野生于水塘或田沟内，喜阳光，抗寒力强。

PLANT 050 蛇床 *Cnidium monnieri* (Linn.) Cuss.
伞形科蛇床属

形态特征： 一年生草本。根圆锥状，较细长。茎直立或斜生多分枝，中空，表面具深条棱。叶鞘短宽，边缘膜质；叶片轮廓卵形至三角状卵形。复伞形花序直径2～3cm；花瓣白色，先端具内折小舌片；花柱基略隆起。分生果长圆状，胚乳腹面平直。花期4～7月，果期6～10月。

应用价值： 可用蛇床配制杀虫、杀菌剂。蛇床拥有伞状小白花，芳香怡人，可用作园林绿化植物。

生境特点： 生于田边、路旁、草地及河边湿地。

PLANT 051 细叶旱芹

Cyclospermum leptophyllum (Pers.) Sprague ex Britt. et Wils.

伞形科芹属

形态特征： 一年生草本。茎多分枝，光滑。根生叶有柄，基部边缘略扩大成膜质叶鞘；叶片轮廓呈长圆形至长圆状卵形，裂片线形至丝状；茎生叶通常三出羽状分裂，裂片线形。复伞形花序顶生或腋生，通常无梗或少有短梗，无总苞片和小总苞片；花柄不等长；无萼齿；花瓣白色、绿白色或略带粉红色，卵圆形；花丝短于花瓣，很少与花瓣同长，花药近圆形；花柱基扁压，花柱极短。果实圆心脏形或圆卵形，分生果具5棱，圆钝。花期5月，果期6～7月。

应用价值： 幼苗可作春季野菜。

生境特点： 生于杂草地及水沟边，为外来种。

PLANT 052 野胡萝卜

Daucus carota Linn.

伞形科胡萝卜属

形态特征： 二年生草本。高15～120cm，茎单生，全体有白色粗硬毛。基生叶薄膜质，长圆形，二至三回羽状全裂，末回裂片线形或披针形，顶端尖锐，有小尖头，光滑或有糙硬毛；叶柄长3～12cm；茎生叶近无柄，有叶鞘，末回裂片小或细长。复伞形花序，花序梗长10～55cm，有糙硬毛；花通常白色，有时带淡红色。分生果长圆状，横剖面近五角形。花期4～7月，果期6～10月。

应用价值： 果实入药，有驱虫作用，又可提取芳香油。

生境特点： 生于田边、路旁、草地及河边湿地。

PLANT 053 小窃衣 *Torilis japonica* (Houtt.) DC.
伞形科窃衣属

形态特征： 一年或多年生草本。茎有纵条纹及刺毛。叶片长卵形，一至二回羽状分裂，两面疏生紧贴的粗毛，第一回羽片卵状披针形，先端渐窄，边缘羽状深裂至全缘。复伞形花序顶生或腋生，有倒生的刺毛；总苞片通常线形，花瓣白色、紫红或蓝紫色，倒圆卵形。果实圆卵形，通常有内弯或呈钩状的皮刺；皮刺基部阔展，粗糙。花果期4～10月。

应用价值： 药用，有杀虫止泻、收湿止痒之效。

生境特点： 生长在杂木林下、林缘、路旁、河沟边以及溪边草丛。

PLANT 054 窃衣 *Torilis scabra* (Thunb.) DC.
伞形科窃衣属

形态特征： 一年生或多年生草本。全株有贴生短硬毛。茎单生，有分枝，有细直纹和刺毛。叶卵形，一至二回羽状分裂，小叶片披针状卵形，羽状深裂，末回裂片披针形至长圆形，边缘有条裂状粗齿至缺刻或分裂。复伞形花序顶生和腋生；总苞片通常无，很少1，钻形或线形；小总苞片5～8，钻形或线形；花萼三角状披针形，花瓣白色，倒圆卵形，先端内折。果实长圆形，有内弯或呈钩状的皮刺，粗糙。花果期4～10月。

应用价值： 药用，有杀虫止泻、收湿止痒之效。

生境特点： 生长在山坡、林下、路旁、河边及空旷草地上。

PLANT 055 点地梅 *Androsace umbellata* (Lour.) Merr.
报春花科点地梅属

形态特征： 一年生或二年生无茎草本。全株被节状的细柔毛。主根不明显，具多数须根。叶全部基生，平铺地面，叶片近圆形或卵圆形，先端钝圆，基部浅心形至近圆形，边缘具三角状钝牙齿，两面均被贴伏的短柔毛。伞形花序4～15花；花冠白色，筒部长约2mm，短于花萼，喉部黄色，5裂，裂片倒卵状长圆形。蒴果近球形，果皮白色。花期4～5月，果期6月。

应用价值： 可作药用，清热解毒，民间用全草治扁桃腺炎、咽喉炎、口腔炎和跌打损伤。

生境特点： 生于林缘、草地和疏林下。

PLANT 056 柔弱斑种草 *Bothriospermum tenellum* (Hornem.) Fisch.et Mey.
紫草科斑种草属

形态特征： 一年生草本。茎细弱，丛生，直立或平卧，多分枝，被向上贴伏的糙伏毛。叶椭圆形或狭椭圆形，先端钝，具小尖，基部宽楔形，叶正背两面被向上贴伏的糙伏毛或短硬毛。花序柔弱，被伏毛或硬毛；花萼长1～1.5mm，果期增大，长约3mm，外面密生向上的伏毛，内面无毛或中部以上散生伏毛，裂片披针形或卵状披针形，裂至近基部；花冠蓝色或淡蓝色，喉部有5个梯形的附属物，附属物高约0.2mm；花柱圆柱形，约为花萼1/3或不及。小坚果肾形，腹面具纵椭圆形的环状凹陷。花果期2～10月。

应用价值： 具有药用功能，能止咳，炒焦治吐血。

生境特点： 生于山坡路边、田间草丛、山坡草地及溪边阴湿处。

草 本 植 物

PLANT 057　盾果草　*Thyrocarpus sampsonii* Hance
紫草科植物盾果草属

形态特征： 一年生草本。茎常自下部分枝，有开展的长硬毛和短糙毛。基生叶丛生，有短柄，匙形；茎生叶较小，无柄，狭长圆形或倒披针形。花序苞片狭卵形至披针形，花生苞腋或腋外；花冠淡蓝色或白色，显著比萼长，筒部比檐部短2.5倍，裂片近圆形，开展，喉部附属物线形。小坚果4，黑褐色，碗状凸起的外层边缘色较淡，先端不膨大，内层碗状突起不向里收缩。花果期5～7月。

应用价值： 可作药用，有清热解毒消肿之效。

生境特点： 生山坡草丛或灌丛下。

PLANT 058　附地菜　*Trigonotis peduncularis* (Trev.) Benth. ex Baker et Moore
紫草科附地菜属

形态特征： 一年生草本。高5～30cm。茎通常自基部分枝，被短糙伏毛。匙形、椭圆形或披针形的小叶互生，先端钝圆，基部楔形或渐狭，两面均具平伏粗毛，无叶柄或具短柄。螺旋聚伞花序，花序生茎顶，幼时卷曲，后渐次伸长；花萼裂片卵形，先端急尖；花冠蓝色，裂片平展，倒卵形，先端圆钝。小坚果4，斜三棱锥状四面体形，有短毛或平滑无毛。早春开花，花期甚长。

应用价值： 全草入药，能温中健脾、消肿止痛、止血。嫩叶可供食用。花美丽，可用于点缀花园。

生境特点： 生于平原、丘陵草地、林缘、田间及荒地。

PLANT 059 宝盖草

Lamium amplexicaule Linn.

唇形科野芝麻属

形态特征： 一年生或二年生草本。茎高10~30cm，基部多分枝，常为深蓝色。茎下部叶具长柄，柄与叶片等长或超过之，叶片均圆形或肾形，先端圆，基部截形或截状阔楔形，半抱茎，边缘具极深的圆齿。轮伞花序6~10花；苞片披针状钻形，具缘毛；花冠紫红或粉红色。小坚果倒卵圆形，具3棱，先端近截状，基部收缩，淡灰黄色。花期3~5月，果期7~8月。

应用价值： 可作药用，清热利湿、活血祛风、消肿解毒。

生境特点： 生于路旁、林缘、沼泽草地及宅旁等地，或为田间杂草。

PLANT 060 益母草

Leonurus japonicus Houtt.

唇形科益母草属

形态特征： 一年生或二年生草本。茎直立，通常高30~120cm。叶轮廓变化很大，茎下部叶轮廓为卵形，基部宽楔形，掌状3裂。花冠粉红至淡紫红色，长1~1.2cm。小坚果长圆状三棱形，顶端截平而略宽大，基部楔形，淡褐色，光滑。花期6~9月，果期9~10月。

应用价值： 益母草可全草入药，有效成分为益母草素，有兴奋动物子宫的作用，与脑垂体后叶素相似，益母草浸膏及煎剂对子宫有强而持久的兴奋作用，不但能增强其收缩力，同时能提高其紧张度和收缩率。

生境特点： 生于滨江30m范围内的山野荒地、田埂、草地等。

PLANT 061 白花益母草

Leonurus japonicus Houtt. var. *albiflorus* (Migo) S. Y. Hu
唇形科益母草属

形态特征： 一年生草本。茎直立，有节，密被倒向糙伏毛。叶对生，叶轮廓变化很大，茎下部叶轮廓为卵形，基部宽楔形，掌状3裂，裂片上再分裂，叶正面绿色，有糙伏毛，叶脉稍下陷，背面淡绿色，被疏柔毛及腺点，叶脉突出，叶柄纤细。花多数，腋生成轮状，无柄；萼钟状，花冠白色，常带紫纹，花柱丝状。小坚果黑色，表面光滑。花期7~9月。果期10~11月。

应用价值： 药用，活血祛瘀。

生境特点： 生于滨江30m范围内的山坡、路边、荒地上。

PLANT 062 石荠苎

Mosla scabra (Thunb.) C. Y. Wu et H. W. Li
唇形科石荠苎属

形态特征： 一年生草本。茎高20~100cm，多分枝，分枝纤细，茎、枝均四棱形，具细条纹，密被短柔毛。叶卵形或卵状披针形，先端急尖或钝，基部圆形或宽楔形，叶正面榄绿色，叶背面灰白色，密布凹陷腺点，近无毛或被极疏短柔毛。总状花序生于主茎及侧枝上；苞片卵形，花时及果时均超过花梗；花萼钟形，花冠粉红色，花盘前方呈指状膨大。小坚果黄褐色，球形，具深雕纹。花期5~11月，果期9~11月。

应用价值： 全草入药，治感冒、中暑发高烧、痱子、皮肤瘙痒等。

生境特点： 生于滨江30m范围内的山坡、路旁或灌丛下。

PLANT 063 野紫苏

Perilla frutescens (Linn.) Britt. var. *purpurascens* (Hayata) H. W. Li

唇形科紫苏属

形态特征： 一年生草本，高20~60cm。茎直立，四棱形，被短柔毛。叶对生，叶片长圆状披针形或椭圆形，先端急尖，基部楔形，边缘在基部以上具锯齿，两面被柔毛。花萼钟状，密被紫色串珠状长柔毛。小坚果卵圆形，暗褐色，被微柔毛，先端具小疣突起。花期7~9月，果期8~10月。

应用价值： 全草入药，治暑天感冒，头痛身重，无汗恶寒等。

生境特点： 生于林下、林缘、河边或山坡荒地。

PLANT 064 荔枝草

Salvia plebeia R. Br.

唇形科鼠尾草属

形态特征： 一年生或二年生直立草本，高15~90cm。主根肥厚，向下直伸，有多数须根。茎直立，粗壮，多分枝，被向下的灰白色疏柔毛。叶椭圆状卵圆形或椭圆状披针形。轮伞花序6花，多数，在茎、枝顶端密集组成总状或总状圆锥花序，花冠淡红、淡紫、紫、蓝紫至蓝色，稀白色。小坚果倒卵圆形，成熟时干燥，光滑。花期4~5月，果期6~7月。

应用价值： 全草入药，清热、解毒、凉血、利尿。用于咽喉肿痛、支气管炎、肾炎水肿、痈肿，外治乳腺炎、痔疮肿痛、出血。

生境特点： 生于山坡、路旁、沟边、田野潮湿的土壤上。

PLANT 065　苦蘵　*Physalis angulata* Linn.
茄科酸浆属

形态特征： 一年生草本，被疏短柔毛或近无毛，高常30～50cm。茎多分枝，分枝纤细。叶片卵形至卵状椭圆形，顶端渐尖或急尖，基部阔楔形或楔形，全缘或有不等大的牙齿，两面近无毛，叶柄长1～5cm。花梗纤细，和花萼一样生短柔毛；花冠淡黄色，喉部常有紫色斑纹；花药蓝紫色或有时黄色。果萼卵球状，薄纸质，浆果直径约1.2cm。种子圆盘状，径约2mm。花果期5～12月。

应用价值： 可作药用，抗癌症。

生境特点： 常生于山谷林下及村边路旁。

PLANT 066　龙葵　*Solanum nigrum* Linn.
茄科茄属

形态特征： 一年生草本，全草高30～120cm。茎直立，多分枝，近无毛或被微柔毛。卵形或心型叶互生，先端短尖，基部楔形至阔楔形而下延至叶柄，全缘或每边具不规则的波状粗齿，光滑或两面均被稀疏短柔毛。白色小花，4～10朵成聚伞花序。球形浆果，成熟后为黑紫色。种子多数，近卵形，两侧压扁。花期6～7月。

应用价值： 全株入药，可散瘀消肿、清热解毒。

生境特点： 喜生于田边、荒地。

PLANT 067 母草

Lindernia crustacea (Linn.) F. Muell.

母草科陌上菜属

形态特征： 一年生草本。根须状，高10~20cm，常铺散成密丛，多分枝，枝弯曲上升，微方形有深沟纹，无毛。叶片三角状卵形或宽卵形，顶端钝或短尖，基部宽楔形或近圆形，边缘有浅钝锯齿，叶正面近于无毛，叶背面沿叶脉有稀疏柔毛或近于无毛。花单生于叶腋或在茎枝之顶成极短的总状花序，花冠紫色，管略长于萼，上唇直立，卵形，钝头，有时2浅裂，下唇3裂，中间裂片较大，仅稍长于上唇；雄蕊4，全育，二强；花柱常早落。蒴果椭圆形，与宿萼等长。种子近球形，浅黄褐色，有明显的蜂窝状瘤突。花、果期全年。

应用价值： 全草可药用。

生境特点： 生于稻田及低湿处。

PLANT 068 通泉草

Mazus pumilus (Burm. f.) Van Steenis

玄参科通泉草属

形态特征： 一年生草本。高3~30cm，无毛或疏生短柔毛。茎1~5枝或有时更多，直立，上升或倾卧状上升，着地部分节上常能长出不定根，少不分枝。基生叶少到多数，有时成莲座状或早落，倒卵状匙形至卵状倒披针形，膜质至薄纸质；茎生叶对生或互生，少数，与基生叶相似或几乎等大。总状花序生于茎、枝顶端，常在近基部即生花，伸长或上部成束状，花稀疏；花冠白色、紫色或蓝色。蒴果球形。种子小而多数，黄色，种皮上有不规则的网纹。花果期4~10月。

应用价值： 全草入药，止痛、健胃、解毒。

生境特点： 生于湿润的草坡、沟边、路旁及林缘。

PLANT 069 直立婆婆纳 *Veronica arvensis* Linn.
玄参科婆婆纳属

形态特征： 一年生草本。高5~30cm，茎直立或上升，不分枝或铺散分枝，密被白色长柔毛。总状花序长而多花，长可达20cm，花梗极短，萼长3~4mm，裂片条状椭圆形。蒴果倒心形。明显侧扁。种子矩圆形，长近1mm。花期4~5月。

应用价值： 清热，除疟，主治疟疾。

生境特点： 生于滨江30m范围内的路边及荒野草地。

PLANT 070 蚊母草 *Veronica peregrina* Linn.
玄参科婆婆纳属

形态特征： 一年生草本。株高10~25cm。茎通常自基部多分枝，主茎直立，侧枝披散，全体无毛或疏生柔毛。叶无柄，下部的倒披针形，上部的长矩圆形。总状花序长，花冠白色或浅蓝色，雄蕊短于花冠。蒴果倒心形，明显侧扁，长3~4mm，宽略过之，边缘生短腺毛，宿存花柱不超出凹口。种子矩圆形。花期5~6月。

应用价值： 果实常因虫瘿而肥大，果实带虫瘿的全草药用，治跌打损伤、瘀血肿痛及骨折。嫩苗味苦，水煮去苦味，可食。

生境特点： 生于潮湿的荒地、路边。

PLANT 071 阿拉伯婆婆纳

Veronica persica Poir.
玄参科婆婆纳属

形态特征： 一年至二年生铺散多分枝草本。高可达50cm。茎密被白色长柔毛。叶片短柄，卵形或圆形。边缘具钝齿，两面疏生柔毛；总状花序很长；花梗比苞片长，裂片卵状披针形，花冠蓝色、紫色或蓝紫色，雄蕊短于花冠。蒴果肾形，网脉明显。种子背面具深的横纹。花期3~5月。

应用价值： 可作药用，祛风除湿、壮腰、截疟。

生境特点： 常见生于路边、宅旁及旱地夏熟作物田中，对作物造成严重危害。

PLANT 072 婆婆纳

Veronica polita Fries
玄参科婆婆纳属

形态特征： 一年至二年生铺散多分枝草本，高10~25cm，多少被长柔毛。叶仅2~4对，具3~6mm长的短柄，叶片心形至卵形，长5~10mm，宽6~7mm，每边有2~4个深刻的钝齿，两面被白色长柔毛。总状花序很长；苞片叶状，下部的对生或全部互生；花梗比苞片略短；花萼裂片卵形，顶端急尖，果期稍增大，三出脉，疏被短硬毛；花冠淡紫色、蓝色、粉色或白色，直径4~5mm，裂片圆形至卵形；雄蕊比花冠短。蒴果近于肾形，密被腺毛，略短于花萼，宽4~5mm，凹口约呈90°角，裂片顶端圆，脉不明显，宿存花柱与凹口齐或略过。种子背面具横纹。花期3~10月。

应用价值： 全草入药，补肾壮阳、凉血、止血、理气止痛。适用于花坛地栽。

生境特点： 常生于滨江30m范围内的荒地。

PLANT 073 水苦荬 *Veronica undulata* Wall. ex Jack
玄参科婆婆纳属

形态特征： 一年或二年生草本。通常全体无毛，极少在花序轴、花梗、花萼和蒴果上有几根腺毛。根茎斜走。茎直立或基部倾斜，不分枝或分枝。叶无柄，上部的半抱茎，多为椭圆形或长卵形，少为卵状矩圆形，更少为披针形，全缘或有疏而小的锯齿。花序比叶长，多花；花冠浅蓝色、浅紫色或白。蒴果近圆形，先端微凹，长度略大于宽度，常有小虫寄生，寄生后果实常膨大成圆球形。果实内藏多数细小的种子，长圆形，扁平；无毛。花期4~9月。

应用价值： 药用，清热利湿、止血化瘀。

生境特点： 常生于水边及沼地。

PLANT 074 水蓑衣 *Hygrophila ringens* (Linn.) R. Br. ex Spreng.
爵床科水蓑衣属

形态特征： 一年至二年生草本。茎四棱形，幼枝被白色长柔毛，不久脱落至近无毛或无毛。叶近无柄，纸质，长椭圆形、披针形、线形，两端渐尖，先端钝，两面被白色长硬毛，背面脉上较密，侧脉不明显。花簇生于叶腋，无梗；花冠淡紫色或粉红色，被柔毛，上唇卵状三角形，下唇长圆形，花冠管稍长于裂片。蒴果比宿存萼长1/3~1/4，干时淡褐色，无毛。花期秋季。

应用价值： 全草入药，有健胃消食、清热消肿之效。

生境特点： 生于溪沟边或洼地等潮湿处。

PLANT 075 爵床 *Rostellularia procumbens* (Linn.) Nees
爵床科爵床属

形态特征： 一年生匍匐草本。茎几铺散，上部上升，基部匍匐，节上生根，密被硬毛。叶对生，卵形、长椭圆形或广披针形。穗状花序顶生或腋生，花冠淡红色或带紫红色，花丝基部及着生处四周有细绒毛，花柱丝状，柱头头状。蒴果线形，先端短尖，基部渐狭，全体呈压扁状，淡棕色，表面上部具有白色短柔毛。种子卵圆形而微扁，黑褐色，表面具有网状纹凸起。花期8~11月。

应用价值： 全草入药，治腰背痛、创伤等。

生境特点： 生于山坡林间草丛中，为习见野草。

PLANT 076 北美毛车前 *Plantago virginica* Linn.
车前科车前属

形态特征： 二年生草本。须根系，根深入土中5~10cm。根状茎粗短，全株被白色长柔毛。叶基生，叶片狭倒卵形或倒披针形，基部楔形下延成翅柄，边缘浅波状齿，叶脉弧状。花茎自基部抽出，高20~40cm。每穗状花序上密生80~100朵花。蒴果宽卵形，每蒴果生种子2枚，长卵状舟形，黄色至褐黄色，种子8~15，少数至18。花期5~6月，果期7~8月。

应用价值： 全草入药，清热利尿、祛痰、凉血、解毒。

生境特点： 生于路边、荒地、旷野。

草本植物

PLANT 077 卵叶异檐花

Triodanis perfoliata (Linn.) Nieuwland ssp. *biflora* (Ruiz et Pavon) Lam.

桔梗科异檐花属

形态特征： 一年生小草本。植株高30~45cm，多不分枝。根细小，纤维状，深入土中3~5cm。叶互生，叶片卵形。花1~3朵成簇，腋生及顶生；花冠蓝色或紫色，花细小。蒴果近圆柱形，果上端侧面薄膜状2孔裂。种子从2孔中逸出繁殖，每植株生20~30个蒴果，每蒴果有100~150粒种子，种子卵状椭圆形。花果期4~7月。

应用价值： 花冠蓝紫色，花细小，有较强的观赏效果，但其繁殖力较强，不适合大面积种植。

生境特点： 生于山坡草丛、路边，每平方米分布30~40株。

PLANT 078 藿香蓟

Ageratum conyzoides Linn.

菊科藿香蓟属

形态特征： 一年生草本。高50~100cm，有时又不足10cm，无明显主根。茎粗壮，基部径4mm，不分枝或自基部或自中部以上分枝；全部茎枝淡红色，或上部绿色，被白色短柔毛或上部被稠密开展的长绒毛。叶对生，有时上部互生，卵形或长圆形，有时植株全部叶小形，基出三脉或不明显五出脉。通常头状花序在茎顶排成紧密的伞房状花序，总苞钟状或半球形。瘦果黑褐色，有白色稀疏细柔毛。花果期全年。

应用价值： 药用，具有清热解毒、止血、止痛之功效。

生境特点： 生于山谷、山坡林下或林缘，荒坡草地常有生长。

PLANT 079 大狼把草

Bidens frondosa Linn.
菊科鬼针草属

形态特征： 一年生草本。茎直立，分枝，高20~120cm，被疏毛或无毛，常带紫色。叶对生，无毛，叶柄有狭翅，中部叶通常羽状，顶端裂片较大，椭圆形或长椭圆状披针形，边缘有锯齿；上部叶3深裂或不裂。头状花序顶生或腋生，直径1~3cm；总苞片多数，外层倒披针形，叶状，长1~4cm，有睫毛；花黄色，全为两性管状花。瘦果扁平，狭楔形，近无毛或具糙伏毛，顶端芒刺2枚，有倒刺毛。花果期8~10月。

应用价值： 全草入药，有强壮、清热解毒的功效。

生境特点： 生于田野湿润处。

PLANT 080 白花鬼针草

Bidens pilosa Linn var. *radiata* Sch.-Bip
菊科鬼针草属

形态特征： 一年生草本。高30~100cm，茎直立，钝四棱形。茎下部叶较小，通常在开花前枯萎；中部叶具长1.5~5cm无翅的柄，三出。头状花序，苞片7~8枚，条状匙形，上部稍宽，开花时长3~4mm，果时长至5mm，草质，边缘疏被短柔毛或几无毛；外层托片披针形，果时长5~6mm，干膜质，背面褐色，具黄色边缘；内层较狭，条状披针形。瘦果黑色，条形，先端芒刺3~4枚，具倒刺毛。花果期8~10月。

应用价值： 药用，清热解毒、利湿退黄。其生长优势强，影响其他植物对光能的利用，干扰并限制其他植物的生长。

生境特点： 生于滨江30m范围内的村旁、路边及荒野。

PLANT 081 狼把草 *Bidens tripartita* Linn.
菊科鬼针草属

形态特征： 一年生草本。高30~80cm，有时可达90cm，茎直立。叶对生，无毛，叶柄有狭翅，中部叶通常羽状，3~5裂，顶端裂片较大，椭圆形或长椭圆状披针形，边缘有锯齿；上部叶3深裂或不裂。头状花序顶生或腋生，有睫毛；花黄色，全为两性管状花。瘦果扁平，长圆状倒卵形成倒卵状楔形，边缘有倒生小刺。两面中央各只一条纵肋，两侧上端各有一向上的刺。刺上有细小的逆刺。花期8~9月，果期10月。

应用价值： 全草可入药。

生境特点： 经常成为禾本科、莎草科、蓼科中某些湿生植物群落的亚优势种或优势种。属湿生性广布植物，常群生或伴生。狼把草常群生，或为单优种群落，也以伴生种或亚优势种参与群落的组成。

PLANT 082 石胡荽 *Centipeda minima* (Linn.) A. Br. et Aschers.
菊科石胡荽属

形态特征： 一年生草本。茎多分枝，匍匐状，微被蛛丝状毛或无毛。叶互生，楔状倒披针形，顶端钝，基部楔形，边缘有少数锯齿，无毛或背面微被蛛丝状毛。头状花序小，扁球形，单生于叶腋，无花序梗或极短；边缘花雌性，多层，花冠细管状，淡绿黄色，顶端2~3微裂；盘花两性，花冠管状，淡紫红色，下部有明显的狭管。瘦果椭圆形，具4棱，棱上有长毛，无冠状冠毛。花果期6~10月。

应用价值： 药用，通窍散寒、祛风利湿、散瘀消肿。

生境特点： 常生于水生蔬菜、水稻及秋收作物大豆田的田边及田埂上，发生量小，危害轻，是常见杂草。

PLANT 083 野塘蒿（香丝草）

Conyza bonariensis (Linn.) Cronq.
菊科白酒草属

形态特征： 一年生或二年生草本。茎直立或斜升，高20~50cm，稀更高。叶密集，基部叶花期常枯萎，下部叶倒披针形或长圆状披针形，顶端尖或稍钝。头状花序多数，在茎端排列成总状或总状圆锥花序；总苞椭圆状卵形，花托稍平，有明显的蜂窝孔，径3~4mm；雌花多层，白色，花冠细管状，长3~3.5mm，无舌片或顶端仅有3~4个细齿；两性花淡黄色，花冠管状。瘦果线状披针形，扁压，被疏短毛。花期5~10月。

应用价值： 全草入药，可治感冒、疟疾、急性关节炎及外伤出血等症。野塘蒿适应性强、繁殖力强、生长优势强，其耗水、耗肥量大。

生境特点： 常生于滨江30m范围内的荒地、田边、路旁，为一种常见杂草。

PLANT 084 小飞蓬

Conyza canadensis (Linn.) Cronq.
菊科白酒草属

形态特征： 一年生草本植物。子叶卵圆形。初生叶椭圆形，基部楔形，全缘。成株高40~120cm，茎直立，上部多分枝，全体被粗糙毛。叶互生，条状披针形或矩圆形，边缘有长睫毛。头状花序，密集成圆锥状或伞房状。花梗较短，边缘为白色的舌状花，中部为黄色的筒状花。瘦果扁平，矩圆形，具斜生毛，冠毛1层，白色刚毛状，易飞散。花期在6~9月，果实7月渐次成熟。

应用价值： 可以产生大量瘦果，瘦果借冠毛随风飘散，蔓延极快，对秋收作物、果园、茶园危害严重。同时具有清热利湿、散瘀消肿的药用功效。

生境特点： 常生于旷野、荒地、田边、河谷、沟旁和路边。

草 本 植 物

PLANT 085 野茼蒿（革命菜）

Crassocephalum crepidioides (Benth.) S. Moore
菊科野茼蒿属

形态特征： 一年生直立草本植物。高可达120cm，茎有纵条棱。叶膜质，叶片椭圆形或长圆状椭圆形，顶端渐尖，基部楔形。头状花序数个在茎端排成伞房状，总苞钟状，基部截形，总苞片线状披针形；小花全部管状，两性；花冠红褐色或橙红色。瘦果狭圆柱形，赤红色。花期7～12月。

应用价值： 药用，有健脾消肿、清热解毒、行气、利尿功效。

生境特点： 常生于荒地路旁、水旁或灌丛中，及山坡林下、灌丛中或水沟旁阴湿地上。

PLANT 086 鳢肠

Eclipta prostrata (Linn.) Linn.
菊科鳢肠属

形态特征： 一年生草本。高达60cm，茎直立，斜升或平卧，通常自基部分枝，被贴生糙毛。叶长圆状披针形或披针形，无柄或有极短的柄。花冠管状，白色，长约1.5mm，顶端4齿裂；托片中部以上有微毛。瘦果暗褐色，长2.8mm，雌花的瘦果三棱形，两性花的瘦果扁四棱形，顶端截形，具1～3个细齿，边缘具白色的肋，表面有小瘤状突起，无毛。花期6～9月。

应用价值： 可饲用，各类家畜喜食。全草入药，抑菌、保肝、抗诱变。

生境特点： 生于河边、田边或路旁，喜湿润气候，耐阴湿。

PLANT 087 一点红

Emilia sonchifolia (Linn.) DC.

菊科一点红属

形态特征： 一年生草本植物。根垂直；茎直立，无毛或被疏短毛，灰绿色。叶质较厚，顶生裂片大，宽卵状三角形，具不规则的齿；中部茎叶疏生，较小，无柄；上部叶少数，线形。头状花序在开花前下垂，花后直立；花序梗细，无苞片，总苞圆柱形；总苞片黄绿色，约与小花等长，背面无毛；小花粉红色或紫色，管部细长，具5深裂。瘦果圆柱形，肋间被微毛；冠毛丰富，白色，细软。花果期7～10月。

应用价值： 全草药用，可消炎、止痢，主治腮腺炎、乳腺炎、小儿疳积、皮肤湿疹等症。

生境特点： 常生于疏松、湿润之处，但较耐旱、耐瘠，不耐渍，忌土壤板结。

PLANT 088 一年蓬

Erigeron annuus (Linn.) Pers.

菊科飞蓬属

形态特征： 一年生或二年生草本。高30～100cm，根呈圆锥形，有分枝，黄棕色，具多数须根。茎粗壮，直立，上部有分枝，绿色，下部被开展的长硬毛，上部被较密的上弯短硬毛。基部叶花期枯萎，长圆形或宽卵形，少有近圆形，或更宽，顶端尖或钝，基部狭成具翅的长柄，边缘具粗齿；下部叶与基部叶同形，中和上部叶长圆状披针形或披针形，最上部叶线形，全部叶边缘被短硬毛。头状花序数个或多数，外围的雌花舌状，白色，或有时淡天蓝色，线形；中央的两性花管状，黄色。瘦果披针形，扁压，被疏贴柔毛。花期6～9月。

应用价值： 有一定的药用价值，可治疗感冒发热和咳嗽等。

生境特点： 生于滨江30m范围内的山坡、路边及田野中。

草　本　植　物

PLANT 089　费城飞蓬　*Erigeron philadelphicus* Linn.
菊科飞蓬属

形态特征： 一年生草本。成株高30～90cm，茎直立，较粗壮，绿色，上部有分枝，全体被开展长硬毛及短硬毛。叶互生，基生叶莲座状，卵形或卵状倒披针形，长5～12cm，宽2～4cm，顶端急尖或钝，基部楔形下延成具翅长柄，叶柄基部常带紫红色，两面被倒伏的硬毛，叶缘具粗齿，花期不枯萎，匙形；茎生叶半抱茎；中上部叶披针形或条状线形，长3～6cm，宽5～16mm，顶端尖，基部渐狭无柄，边缘有疏齿，被硬毛。头状花序数枚，排成伞房或圆锥状花序。花期3～5月。

应用价值： 外来物种，影响生物多样性。

生境特点： 在路旁、旷野、山坡、林缘及林下普遍生长。

PLANT 090　睫毛牛膝菊　*Galinsoga quadriradiata* Ruiz et Pavon
菊科牛膝菊属

形态特征： 一年生草本。高10～80cm，茎直立，不分枝或从基部分枝，分枝斜生。叶对生，卵圆形，边缘有钝锯齿或波状浅锯齿，基生三出脉。舌状花白色，舌状花和管状花的花冠毛膜片状，白色。瘦果有角，顶端有鳞片。花果期7～11月。

应用价值： 药用，可消炎、止血。

生境特点： 生于田边、路旁、庭园空地及荒坡上。

PLANT 091 鼠曲草 *Gnaphalium affine* D. Don
菊科拟鼠麴草属

形态特征： 一年生草本。茎直立或基部发出的枝下部斜升，高10~40cm或更高，基部径约3mm，上部不分枝，有沟纹，被白色厚绵毛，节间长8~20mm，上部节间罕有达5cm。叶无柄，匙状倒披针形或倒卵状匙形，基部渐狭，稍下延，顶端圆，具刺尖头，两面被白色绵毛。头状花序较多或较少数，花黄色至淡黄色。瘦果倒卵形或倒卵状圆柱形，有乳头状突起；冠毛粗糙，污白色，易脱落，基部联合成2束。花期1~4月。

应用价值： 可食用，亦可药用。

生境特点： 生于低海拔湿润草地上。

PLANT 092 泥胡菜 *Hemisteptia lyrata* (Bunge) Fisch. et Mey.
菊科泥胡菜属

形态特征： 一年生草本。高30~100cm。基生叶及下部茎叶有长叶柄，叶柄长达8cm，柄基扩大抱茎，上部茎叶的叶柄渐短，最上部茎叶无柄。头状花序在茎枝顶端排成疏松伞房花序，总苞宽钟状或半球形；全部苞片质地薄，草质；小花紫色或红色。瘦果小，楔状或偏斜楔形。花果期3~8月。

应用价值： 花蕾和幼苗是人们春季食用的野菜。泥胡菜也是猪、禽、兔的优质饲草，饲用价值高。

生境特点： 生长在山坡、山谷、平原、丘陵的林缘、林下、草地、荒地、田间、河边、路旁等处。

草 本 植 物

PLANT 093 稻槎菜 *Lapsanastrum apogonoides* (Maxim.) Pak et Brem.
菊科植物稻槎菜属

形态特征： 一年或二年生细弱草本。高达20cm。基生叶丛生，全形椭圆形、长椭圆状匙形或长匙形，大头羽状全裂或几全裂，有长1~4cm的叶柄；叶片先端圆钝或短尖，顶端裂片较大，卵圆形，边缘羽状分裂，两侧裂片3~4对，短椭圆形；茎生叶短柄或近无柄。头状花序成稀疏的伞房状圆锥花丛，有细梗，果时常下垂；花托平坦，无毛；全部为舌状花，黄色。瘦果淡黄色，稍压扁，长椭圆形或长椭圆状倒披针形。花果期4~5月。

应用价值： 有一定的药用价值。

生境特点： 生于滨江30m范围内的田野、荒地及路边。

PLANT 094 黄瓜菜 *Paraixeris denticulata* (Houtt.) Nakai
菊科黄瓜菜属

形态特征： 一年生或二年生草本。高30~120cm。根垂直直伸，生多数须根。茎单生，直立，基部直径达8mm，上部或中部伞房花序状分枝，全部茎枝无毛。基生叶及下部茎叶花期枯萎脱落；中下部茎叶卵形，不分裂，顶端急尖或钝，边缘大锯齿或重锯齿或全缘。头状花序多数，在茎枝顶端排成伞房花序或伞房圆锥状花序，含15枚舌状小花。瘦果长椭圆形，压扁，黑色或黑褐色。冠毛白色，糙毛状。花果期5~11月。

应用价值： 有一定的药用价值。

生境特点： 生长于低海拔的山坡林缘、林下、田边、岩石上或岩石缝隙中。

PLANT 095 翅果菊 *Pterocypsela indica* (Linn.) Shih
菊科翅果菊属

形态特征： 一年生或二年生草本。高40~200cm，根垂直直伸，生多数须根。茎直立，单生，基部直径3~10mm，上部圆锥状或总状圆锥状分枝，全部茎枝无毛。全部茎叶线形，边缘大部全缘或仅基部或中部以下两侧边缘有小尖头或稀疏细锯齿或尖齿，或全部茎叶线状长椭圆形、长椭圆形或倒披针状长椭圆形，边缘有稀疏的尖齿或几全缘；全部茎叶顶端长渐急尖或渐尖，基部楔形渐狭，无柄，两面无毛。头状花序卵球形，多数沿茎枝顶端排成圆锥花序或总状圆锥花序。瘦果椭圆形，黑色，边缘有宽翅。花果期4~11月。

应用价值： 全草可入药，嫩茎叶可作蔬菜。

生境特点： 生长于山谷、山坡林缘及林下、灌丛中或水沟边、山坡草地或田间。

PLANT 096 蒲儿根 *Sinosenecio oldhamianus* (Maxim.) B. Nord.
菊科蒲儿根属

形态特征： 多年生或二年生草本。高40~80cm。茎直立，单一或稍有分枝，具白色软毛或近乎光滑。基生叶丛生，花后脱落，叶片肾圆形。头状花序小而多数，具细梗，排成伞房状；总苞钟形，基部无小苞，总苞片条状披针形，边缘膜质；缘花舌状，1层，舌片橘黄色，椭圆形，先端全缘或3齿裂；中央管状花多数，先端5裂。冠毛白色，长约2~3mm。瘦果圆柱形。花期1~12月。

应用价值： 蒲儿根株型美观，花颜色亮丽，成片种植可形成良好的景观。

生境特点： 生于林下湿地、山坡路旁、水沟边。

PLANT 097 续断菊 *Sonchus asper* (Linn.) Hill
菊科苦苣菜属

形态特征： 一年生或二年生草本。高50~100cm。根圆锥状或纺锤状，须根多数，褐色。茎中空，直立。茎生叶片卵状狭长椭圆形，不分裂，缺刻状半裂或羽状分裂，裂片边缘密生长刺状尖齿，刺较长而硬，基部有扩大的圆耳。头状花序直径约2cm，花序梗常有腺毛或初期有蛛丝状毛；舌状花黄色，长约1.3cm，舌片长约0.5cm。瘦果长椭圆状倒卵形，扁平；短宽而光滑，每面除有明显的3纵肋外，无横纹，有较宽的边缘。花果期5~10月。

应用价值： 杂草。为害作物、草坪，影响景观。

生境特点： 主要分布在山坡、路旁、荒地、田边、沟旁、房子边。

PLANT 098 苦苣菜 *Sonchus oleraceus* Linn.
菊科苦苣菜属

形态特征： 一年生或二年生草本。高40~150cm。根圆锥状，垂直直伸，有多数纤维状的须根。茎直立，单生。基生叶羽状深裂，全形长椭圆形或倒披针形。头状花序少数在茎枝顶端排成紧密的伞房花序或总状花序或单生茎枝顶端，舌状小花多数，黄色。瘦果褐色，长椭圆形或长椭圆状倒披针形，压扁，每面各有3条细脉，肋间有横皱纹，顶端狭，无喙；冠毛白色，长7mm，单毛状，彼此纠缠。花果期5~12月。

应用价值： 全草入药，有祛湿、清热解毒功效。

生境特点： 生于山坡或山谷林缘、林下或平地田间、空旷处或近水处。

PLANT 099 钻形紫菀 *Symphyotrichum subulatum* (Michx.) G. L. Nesom
菊科紫菀属

形态特征： 一年生草本。茎高25~100cm，无毛而富肉质，上部稍有分枝。基生叶倒披针形，花后凋落；茎中部叶线状披针形，先端尖或钝，有时具钻形尖头，全缘，无柄，无毛。头状花序排成圆锥状，总苞钟状，总苞片3~4层，外层较短，内层较长，线状钻形，无毛；舌状花细狭，淡红色，长与冠毛相等或稍长；管状花多数，短于冠毛。瘦果长圆形或椭圆形，有5纵棱，冠毛淡褐色。花果期9~11月。

应用价值： 侵入农田危害棉花、大豆、甘薯、水稻等作物，还常侵入浅水湿地，影响湿地生态系统及其景观。

生境特点： 喜生长于潮湿含盐的土壤上，常见于沟边、河岸、海岸、路边及低洼地。

PLANT 100 苍耳 *Xanthium sibiricum* Patrin ex Widder
菊科苍耳属

形态特征： 一年生草本。高可达90cm，根纺锤状。茎下部圆柱形，上部有纵沟。叶片三角状卵形或心形，近全缘，边缘有不规则的粗锯齿，叶正面绿色，背面苍白色，被糙伏毛。雄性的头状花序球形，总苞片长圆状披针形，花托柱状，托片倒披针形，花冠钟形，花药长圆状线形；雌性的头状花序椭圆形，外层总苞片小，披针形，喙坚硬，锥形。瘦果倒卵形。花期7~8月，果期9~10月。

应用价值： 种子可榨油，苍耳子油与桐油的性质相仿，可掺和桐油制油漆，也可作油墨、肥皂、油毡的原料；又可制硬化油及润滑油。果实供药用。

生境特点： 常生长于平原、丘陵、低山、荒野路边、田边。

草 本 植 物

PLANT 101 黄鹌菜 *Youngia japonica* (Linn.) DC.
菊科黄鹌菜属

形态特征： 一年生或二年生草本。高10~100cm。根垂直直伸，生多数须根。茎直立，单生或少数茎成簇生，粗壮或细，顶端伞房花序状分枝或下部有长分枝，下部被稀疏的皱波状长或短毛。叶基生，倒披针形，提琴状羽裂；裂片有深波状齿，叶柄微具翅。头状花序有柄，排成伞房状、圆锥状和聚伞状；总苞圆筒形，外层总苞片远小于内层，花序托平；全为舌状花，花冠黄色。瘦果纺锤形，压扁，褐色或红褐色，冠毛白色。花果期4~10月。

应用价值： 具有药用价值，可消肿、止痛、清热解毒。亦可当蔬菜食用。

生境特点： 生于山坡、山谷及山沟林缘、林下、林间草地及潮湿地、河边沼泽地、田间与荒地上。

PLANT 102 小茨藻 *Najas minor* All.
茨藻科茨藻属

形态特征： 一年生沉水草本。株高4~25cm。植株纤细，易折断，下部匍匐，上部直立，呈黄绿色或深绿色，基部节上生有不定根。茎圆柱形，光滑无齿；分枝多，呈二叉状。上部叶呈3叶假轮生，下部叶近对生，于枝端较密集，无柄；叶片线形，渐尖，柔软或质硬，上部狭而向背面稍弯至强烈弯曲，边缘有锯齿。花小，单性，单生于叶腋，罕有二花同生；雄花浅黄绿色，椭圆形，具一瓶状佛焰苞；雌花无佛焰苞和花被。瘦果黄褐色，直径约0.5mm。花果期6~10月。

应用价值： 小茨藻能够在水中与微生物、藻类生物等共同作用，在自身茁壮成长的情况下同时较快地吸收除去水体中的氮、磷等富营养化元素，是一种较强的净化水体植物。

生境特点： 成小丛生于池塘、湖泊、水沟和稻田中，可生于数米深的水底。

PLANT 103 看麦娘 *Alopecurus aequalis* Sobol.
禾本科看麦娘属

形态特征： 一年生草本。高15~40cm。秆少数丛生，细瘦，光滑，节处常膝曲，叶鞘光滑，短于节间；叶舌膜质，叶片扁平。圆锥花序圆柱状，灰绿色；小穗椭圆形或卵状长圆形；颖膜质，基部互相连合，脊上有细纤毛，侧脉下部有短毛；外稃膜质，先端钝，等大或稍长于颖，下部边缘互相连合，隐藏或稍外露；花药橙黄色。花果期4~8月。

应用价值： 全草入药，味淡、性凉，利水消肿，解毒。

生境特点： 生于海拔较低之田边及潮湿之地。

PLANT 104 荩草 *Arthraxon hispidus* (Thunb.) Makino
禾本科荩草属

形态特征： 一年生草本。高30~60cm。秆细弱无毛，基部倾斜，分枝多节，基部节着地易生根。叶鞘短于节间，有短硬疣毛；叶舌膜质，边缘具纤毛；叶片卵状披针形，基部心形，抱茎，除下部边缘生纤毛外，余均无毛。总状花序细弱，花黄色或紫色，长0.7~1mm。颖果长圆形，与稃体几等长。花果期8~11月。

应用价值： 具有药用价值，可止咳、定喘，杀虫。

生境特点： 生于山坡草地阴湿处。

PLANT 105 野燕麦 *Avena fatua* Linn.
禾本科燕麦属

形态特征： 一年生草本。秆直立，高可达120cm。须根较坚韧。叶鞘松弛，叶舌透明膜质，叶片扁平，微粗糙。圆锥花序开展，金字塔形，含小花，第一节颖草质，外稃质地坚硬，第一外稃背面中部以下具淡棕色或白色硬毛，芒自稃体中部稍下处伸出。花果期4～9月。

应用价值： 果实、全草可入药。为牛、马的青饲料。常为小麦田间杂草。

生境特点： 生于荒芜田野或为田间杂草，生命力强，无法套种。

PLANT 106 茵草 *Beckmannia syzigachne* (Steud.) Fern.
禾本科茵草属

形态特征： 一年生草本。高15～90cm。秆直立。叶鞘无毛，多长于节间；叶舌透明膜质，叶片扁平，粗糙或下面平滑。圆锥花序分枝稀疏，直立或斜升；小穗扁平，圆形，灰绿色；颖草质；边缘质薄，白色，背部灰绿色，具淡色的横纹；外稃披针形，常具伸出颖外之短尖头；花药黄色。颖果黄褐色，长圆形，先端具丛生短毛。花果期4～10月。

应用价值： 具有饲用价值和药用价值。为主要杂草，在地势低洼、土壤黏重的田块危害严重。

生境特点： 适生于水边及潮湿处，水沟边及浅的流水中。

PLANT 107 雀麦

Bromus japonicus Thunb.
禾本科雀麦属

形态特征： 一年生草本。高40～90cm。秆直立。叶鞘闭合，被柔毛；叶舌先端近圆形，两面生柔毛。圆锥花序疏展，向下弯垂；分枝细，小穗黄绿色，颖近等长，脊粗糙，边缘膜质，外稃椭圆形，草质，边缘膜质，微粗糙，顶端钝三角形，芒自先端下部伸出，基部稍扁平，成熟后外弯；两脊疏生细纤毛；小穗轴短棒状。颖果长7～8mm。花果期5～7月。

应用价值： 全草入药，止汗、催产。

生境特点： 生于滨江30m范围内的山野、荒坡、道旁。

PLANT 108 菩提子（薏苡）

Coix lacryma-jobi Linn.
禾本科薏苡属

形态特征： 一年生粗壮草本。须根黄白色，海绵质，直径约3mm。秆直立丛生，高1～2m，具10余节，节多分枝。叶鞘短于其节间，无毛；叶舌干膜质，长约1mm；叶片扁平宽大，开展，基部圆形或近心形，中脉粗厚，在下面隆起，边缘粗糙，通常无毛。总状花序腋生成束，直立或下垂，具长梗；雌小穗位于花序之下部，外面包以骨质念珠状之总苞，总苞卵圆形，坚硬，有光泽。颖果小，含淀粉少，常不饱满。花果期6～12月。

应用价值： 念佛穿珠用的菩提珠子，总苞坚硬，有光泽而平滑，基端孔大，易于穿线成串。不能食用。

生境特点： 多生于湿润的屋旁、池塘、河沟、山谷、溪涧或易受涝的农田等地方。

PLANT 109 升马唐 *Digitaria ciliaris* (Retz.) Koel.
禾本科马唐属

形态特征： 一年生草本。秆基部横卧地面，节处生根和分枝。叶鞘常短于其节间，多少具柔毛；叶片线形或披针形，叶正面散生柔毛，边缘稍厚，微粗糙。总状花序5～8枚，呈指状排列于茎顶；边缘粗糙；小穗披针形，孪生于穗轴之一侧；小穗柄微粗糙，顶端截平。花果期5～10月。

应用价值： 为优良牧草，也是果园旱田中危害庄稼的主要杂草。

生境特点： 生于路旁、荒野、荒坡。

PLANT 110 长芒稗 *Echinochloa caudata* Roshev
禾本科稗属

形态特征： 一年生草本。叶鞘无毛或常有疣基毛，或仅有粗糙毛或仅边缘有毛；叶舌缺；叶片线形，两面无毛，边缘增厚而粗糙。圆锥花序稍下垂，主轴粗糙，具棱，疏被疣基长毛；分枝密集，常再分小枝；小穗卵状椭圆形，常带紫色，脉上疏生刺毛，内稃膜质，先端具细毛，边缘具细睫毛；花柱基分离。花果期夏秋季。

应用价值： 全草药用，味微苦，性微温，可止血生肌；根、苗叶及种仁药用可补中益气、宣脾、止血生肌。

生境特点： 多生于田边、路旁及河边湿润处。

PLANT 111 牛筋草 *Eleusine indica* (Linn.) Gaertn.
禾本科䅟属

形态特征： 一年生草本。高10~90cm。根系极发达。秆丛生，基部倾斜。叶鞘两侧压扁而具脊，松弛，无毛或疏生疣毛；叶舌长约1mm；叶片平展，线形，无毛或叶正面被疣基柔毛。穗状花序2~7个指状着生于秆顶，很少单生；小穗长4~7mm，宽2~3mm，含3~6小花；颖披针形，具脊，脊粗糙；鳞被2，折叠，具5脉。牛筋草囊果卵形，长约1.5mm，基部下凹，具明显的波状皱纹。花果期6~10月。

应用价值： 全草药用。秆叶强韧，全株可作饲料。为优良保土植物。

生境特点： 多生于滨江30m范围内的荒芜之地及道路旁。

PLANT 112 糠稷 *Panicum bisulcatum* Thunb.
禾本科黍属

形态特征： 一年生草本。秆纤细，较坚硬，高0.5~1m，直立或基部伏地，节上可生根。叶鞘松弛，边缘被纤毛；叶舌膜质，长约0.5mm，顶端具纤毛；叶片质薄，狭披针形，顶端渐尖，基部近圆形，几无毛。圆锥花序；小穗椭圆形，绿色或有时带紫色，具细柄；鳞被长约0.26mm，宽约0.19mm，具3脉，透明或不透明，折叠。花果期9~11月。

应用价值： 为牛、马、羊、鱼、鹅等家畜的好饲草。药用，有和中益气、凉血解暑的功效。

生境特点： 山坡、路旁潮湿地、水边。

草 本 植 物

PLANT
113　白顶早熟禾　*Poa acroleuca* Steud.
禾本科早熟禾属

形态特征： 一年生或二年生草本。高30~50cm。秆直立，叶鞘闭合，平滑无毛，顶生叶鞘短于其叶片；叶舌膜质；叶片质地柔软，平滑或正面微粗糙。圆锥花序金字塔形；小穗卵圆形，灰绿色；颖披针形，质薄，具狭膜质边缘，脊上部微粗糙。颖果纺锤形，长约1.5mm。花果期5~6月。

应用价值： 常用于草场牧草种植，是养殖各种羊、牛、马的饲料。

生境特点： 生于沟边阴湿草地。

PLANT
114　早熟禾　*Poa annua* Linn.
禾本科早熟禾属

形态特征： 一年生或冬性禾草。秆直立或倾斜，质软，高可达30cm，平滑无毛。叶鞘稍压扁，叶片扁平或对折，质地柔软，常有横脉纹，顶端急尖呈船形，边缘微粗糙。圆锥花序宽卵形，小穗卵形，含小花，绿色；颖质薄，外稃卵圆形，顶端与边缘宽膜质，花药黄色。颖果纺锤形。花期4~5月，果期6~7月。

应用价值： 绿化草坪；饲用；药用。

生境特点： 生于平原和丘陵的路旁草地、田野水沟或荫蔽荒坡湿地。

PLANT 115 棒头草 *Polypogon fugax* Nees ex Steud.
禾本科棒头草属

形态特征： 一年生草本。高10～75cm。秆丛生，基部膝曲，大都光滑。叶鞘光滑无毛，大都短于或下部者长于节间；叶舌膜质，长圆形，常二裂或顶端具不整齐的裂齿；叶片扁平，微粗糙或下面光滑。圆锥花序穗状，长圆形或卵形，较疏松，具缺刻或有间断，分枝长可达4cm；小穗长约2.5mm（包括基盘），灰绿色或部分带紫色；颖长圆形，细直，微粗糙。颖果椭圆形。花果期4～9月。

应用价值： 棒头草为优良牧草，在开花结实前草质柔嫩，叶量丰富，牛、马、羊均喜采食。

生境特点： 喜潮湿、喜阴，并喜盐渍化沙地。

PLANT 116 大狗尾草 *Setaria faberii* Herrm.
禾本科狗尾草属

形态特征： 一年生草本。高50～120cm。茎秆直立。叶线状披针形，无毛或正面有疣毛。叶鞘边缘常有细纤毛；叶舌退化为极短的纤毛。圆锥花序圆柱形，下垂，长5～15cm，主轴有柔毛；小穗椭圆形，长约3mm；刚毛通常绿色。颖果长圆形，长约3.5mm。花果期7～10月。

应用价值： 根及果穗也入药。

生境特点： 多生于田岸、荒地、道旁及小山坡上。

PLANT 117 狗尾草 *Setaria viridis* (Linn.) Beauv.
禾本科狗尾草属

形态特征： 一年生草本。高10～100cm。秆直立或基部膝曲。叶鞘松弛，无毛或疏具柔毛或疣毛，叶舌极短，缘有长1～2mm的纤毛；叶片扁平，长三角状狭披针形或线状披针形，先端长渐尖或渐尖，基部钝圆形。圆锥花序紧密，呈圆柱状或基部稍疏离，直立或稍弯垂，主轴被较长柔毛，通常绿色或褐黄至紫红或紫色；花柱基分离；叶上下表皮脉间均为微波纹或无波纹壁较薄的长细胞。颖果灰白色。花果期5～10月。

应用价值： 饲用；药用，清热利湿、祛风明目、解毒、杀虫。

生境特点： 生于荒野、道旁，为旱地作物常见的一种杂草。

PLANT 118 碎米莎草 *Cyperus iria* Linn.
莎草科莎草属

形态特征： 一年生草本。高8～85cm。无根状茎，具须根。秆丛生，细弱或稍粗壮，扁三棱形，基部具少数叶，叶短于秆，平展或折合，叶鞘红棕色或棕紫色。叶状苞片3～5枚；穗状花序卵形或长圆状卵形，具5～22个小穗；小穗排列松散，小穗轴上近于无翅；鳞片排列疏松，膜质，宽倒卵形，顶端微缺，具极短的短尖，不突出于鳞片的顶端，背面具龙骨状突起，绿色，有3～5条脉，两侧呈黄色或麦秆黄色，上端具白色透明的边。小坚果倒卵形或椭圆形，褐色，密生微突起细点。花果期6～10月。

应用价值： 祛风除湿，活血调经。

生境特点： 为一种常见的杂草，生长于田间、山坡、路旁阴湿处。

PLANT 119 浮萍 *Lemna minor* Linn.
浮萍科浮萍属

形态特征： 一年生漂浮植物。根白色，长3~4cm，根冠钝头，根鞘无翅。叶状体对称，表面绿色，背面浅黄色或绿白色或常为紫色，近圆形，倒卵形或倒卵状椭圆形，全缘，上面稍凸起或沿中线隆起，具3脉，不明显，背面垂生丝状根1条，叶状体背面一侧具囊，新叶状体于囊内形成浮出，以极短的细柄与母体相连，随后脱落。雌花具弯生胚珠1枚。果实无翅，近陀螺状，种子具突出的胚乳并具12~15条纵肋。一般不常开花。

应用价值： 饲用；药用，能发汗、利水、消肿毒。

生境特点： 生长于水田、池沼或其他静水水域，常与紫萍混生，形成密布水面的漂浮群落。

PLANT 120 紫萍 *Spirodela polyrhiza* (Linn.) Schleid.
浮萍科紫萍属

形态特征： 一年生水生草本，漂浮水面。叶状体扁平，倒卵状圆形，先端钝圆，深绿色，具掌状脉5~11条，背面着生5~11条细根；根基附近的一侧囊内形成圆形新芽，萌发后，幼小叶状体渐从囊内浮出，由一细弱的柄与母体相连。花单性，雌花1与雄花2同生于袋状的佛焰苞内；雄花，花药2室；雌花子房1室，具2个直立胚珠。果实圆形，有翅缘。花期6~7月。

应用价值： 全草入药，发汗、利尿。也可作猪饲料，鸭也喜食，为放养草鱼的良好饵料。

生境特点： 生于池沼、稻田、水塘及静水的河面。

PLANT 121 鸭跖草 *Commelina communis* Linn.
鸭跖草科鸭跖草属

形态特征： 一年生披散草本。茎为匍匐茎。叶形为披针形至卵状披针形，叶序为互生。聚伞花序，下面一枝仅有花1朵，具梗，不孕；上面一枝具花3～4朵，具短梗，几乎不伸出佛焰苞；雌雄同株，花瓣上面两瓣为蓝色，下面一瓣为白色，花苞呈佛焰苞状，绿色，雄蕊有6枚。蒴果椭圆形，压扁状，成熟时裂开。

应用价值： 药用，为消肿利尿、清热解毒之良药。

生境特点： 生于路旁、田边、河岸、宅旁、山坡及林缘阴湿处。

多年生草本

PLANT 122 节节草 *Equisetum ramosissimum* Desf.
木贼科木贼属

形态特征： 多年生草本。根茎黑褐色，生少数黄色须根。茎直立，单生或丛生。叶轮生，退化连接成筒状鞘，似漏斗状，亦具棱；鞘口随棱纹分裂成长尖三角形的裂齿，齿短，外面中心部分及基部黑褐色，先端及缘渐成膜质，常脱落。孢子囊穗紧密，矩圆形，无柄，长0.5~2cm，有小尖头，顶生；孢子同型，具2条丝状弹丝，十字形着生，绕于孢子上，遇水弹开，以便繁殖。

应用价值： 药用，能消热、散毒、利尿。花汁可作青碧色颜料。

生境特点： 生于湿地、溪边、湿沙地、路旁、果园、茶园，为麦类、油菜等夏收作物和棉花、玉米、甘薯等秋收作物，以及果树、茶树的常见杂草。

PLANT 123 蕨 *Pteridium aquilinum* (Linn.) Kuhn var. *latiusculum* (Desv.) Underw. ex Heller
蕨科蕨属

形态特征： 大型多年生草本。根状茎长而横走，密被锈黄色柔毛，以后逐渐脱落。叶每年春季从根状茎上长出，幼时拳卷，成熟后展开，有长而粗壮的叶柄，叶片轮廓三角形至广披针形，为二至四回羽状复叶。孢子囊棕黄色，在小羽片或裂片背面边缘集生成线形孢子囊群，被囊群盖和叶缘背卷所形成的膜质假囊群盖双层遮盖。

应用价值： 蕨菜叶芽、嫩茎营养丰富，可食用。蕨的根茎可药用，有清热、滑肠、降气、化痰等功效。

生境特点： 常见于林地、灌丛、荒山草坡。

PLANT 124　井栏边草

Pteris multifida Poir.
凤尾蕨科凤尾蕨属

形态特征： 多年生草本。植株高30~45cm。根状茎短而直立，先端被黑褐色鳞片。叶多数，密而簇生，明显二型；不育叶柄长，稍有光泽，光滑；叶片卵状长圆形，一回羽状，羽片通常3对，对生，斜向上，无柄，线状披针形，先端渐尖，叶缘有不整齐的尖锯齿并有软骨质的边，有时近羽状；能育叶有较长的柄，羽片4~6对，仅不育部分具锯齿，余均全缘，基部1对有时近羽状，有长约1cm的柄，余均无柄。叶干后草质，暗绿色，遍体无毛；叶轴禾秆色，稍有光泽。

应用价值： 井栏边草叶丛细柔，秀丽多姿，是室内垂吊盆栽观叶佳品，在园林中可露地栽种于阴湿的林缘岩下、石缝或墙根、屋角等处，野趣横生。全草可入药。

生境特点： 常生于阴湿墙脚、井边和石灰岩石上，在有荫蔽、无日光直晒和土壤湿润、肥沃、排水良好之处生长最盛。

PLANT 125　蘋

Marsilea quadrifolia Linn.
蘋科蘋属

形态特征： 多年生草本。根状茎匍匐泥中，细长而柔软，不实叶具长柄，长7~20cm。叶柄顶端有小叶4片，十字形，对生，薄纸质；小叶倒三角形，长与宽1~3cm，先端浑圆，全缘，叶脉叉状，背面淡褐色，有腺状鳞片。孢子果斜卵形或圆形，长2~4mm，被毛，于叶柄基部侧出，通常2~3个丛集，柄长1cm以下，基部多少毗连；果内有孢子囊群约15个，每个孢子囊群具有少数大孢子囊，其周围有数个小孢子囊。

应用价值： 药用，清热、利水、解毒、止血。
生境特点： 常见水稻田、沟塘边。

草 本 植 物

PLANT 126 槐叶蘋 *Salvinia natans* (Linn.) All.
槐叶苹科槐叶苹属

形态特征： 多年生小型漂浮草本植物。茎细长而横走，被褐色节状毛。3叶轮生，上面2叶漂浮水面，形如槐叶，长圆形或椭圆形，长0.8～1.4cm，宽0.5～0.8cm，顶端钝圆，基部圆形或稍呈心形，因叶子形似槐树的羽状叶而得名。孢子果4～8个簇生于沉水叶的基部，表面疏生成束的短毛，小孢子果表面淡黄色，大孢子果表面淡棕色。
应用价值： 为稻田常见杂草。全草可供药用。
生境特点： 生于水田、沟塘和静水溪河内。喜生长于温暖、无污染的静水水域上。

PLANT 127 糯米团 *Gonostegia hirta* (Bl. ex Hassk.) Miq.
荨麻科糯米团属

形态特征： 多年生草本。高50～100cm。茎匍匐或倾斜，有柔毛。叶对生，长卵形成卵状披针形，顶端钝尖，基部浅心形，全缘，表面密生点状钟乳体和散生柔毛，背面叶脉上有柔毛，基生三出脉，直达叶尖汇合。花雌雄同株，形小，淡绿色，簇生于叶腋；雌花花被菱状狭卵形，顶端有2小齿，有疏毛，果期呈卵形，长约1.6mm，有10条纵肋；柱头长约3mm，有密毛。瘦果卵球形，长约1.5mm，白色或黑色，有光泽。花期5～9月。
应用价值： 茎皮纤维可制人造棉，供混纺或单纺。全草药用，治消化不良、积食胃痛等症。
生境特点： 生于低海拔的丘陵或低山林中、灌丛中、沟边草地。

PLANT 128 酸模 *Rumex acetosa* Linn.
蓼科酸模属

形态特征： 多年生草本，高可达100cm。茎直立，具深沟槽，通常不分枝。基生叶和茎下部叶箭形，顶端急尖或圆钝，基部裂片急尖，全缘或微波状；茎上部叶较小，具短叶柄或无柄；托叶鞘膜质，易破裂。花序狭圆锥状，顶生，分枝稀疏；花单性，雌雄异株；花梗中部具关节；雄花内花被片椭圆形，长约3mm，外花被片较小，近圆形。瘦果椭圆形，黑褐色，有光泽。花期5~7月，果期6~8月。

应用价值： 全草供药用，有凉血、解毒之效。嫩茎、叶可作蔬菜及饲料。

生境特点： 生于滨江30m范围内的山坡、林缘、沟边、路旁。

PLANT 129 齿果酸模 *Rumex dentatus* Linn.
蓼科蓼科酸模属

形态特征： 一年生或多年生草本。高达100cm。茎直立，分枝；枝纤细，表面具沟纹，无毛。基生叶长圆形，先端钝或急尖，基部圆形或心形，边缘波状或微皱波状，两面均无毛；托叶鞘膜质，筒状。花序圆锥状，顶生，具叶；花两性。瘦果卵状三棱形，具尖锐角棱，长约2mm，褐色，平滑。花期4~5月，果期6月。

应用价值： 根叶可入药，有去毒、清热、杀虫、治藓的功效。

生境特点： 生于山坡草池、河谷沿岸等。

草 本 植 物

PLANT 130 羊蹄
Rumex japonicus Houtt.
蓼科酸模属

形态特征： 多年生草本。茎直立，高可达100cm。基生叶长圆形或披针状长圆形，顶端急尖，基部圆形或心形，边缘微波状。花序圆锥状，花两性，多花轮生；花梗细长，花被片淡绿色，网脉明显。瘦果宽卵形，两端尖，暗褐色，有光泽。花期5~6月，果期6~7月。

应用价值： 羊蹄植株高可达100cm，生长健壮，会形成一定的视觉障碍。根可入药，清热凉血。

生境特点： 生于田边路旁、河滩、沟边湿地。

PLANT 131 牛膝
Achyranthes bidentata Bl.
苋科牛膝属

形态特征： 多年生草本。高70~120cm。根圆柱形，土黄色。茎有棱角或四棱形，绿色或带紫色，有白色贴生或开展柔毛，或近无毛，分枝对生。叶片椭圆形或椭圆披针形，少数倒披针形，顶端尾尖，基部楔形或宽楔形，两面有贴生或开展柔毛；叶柄有柔毛。穗状花序顶生及腋生，花多数，密生。胞果长圆形，黄褐色，光滑。种子长圆形，黄褐色。花期7~9月，果期9~10月。

应用价值： 根入药，生用，活血通经；熟用，补肝肾，强腰膝。

生境特点： 适应性较强，喜生于潮湿环境。

PLANT 132 喜旱莲子草

Alternanthera philoxeroides (Mart.) Griseb.
苋科莲子草属

形态特征： 多年生草本。茎基部匍匐，上部上升，幼茎及叶腋有白色或锈色柔毛，茎老时无毛，仅在两侧纵沟内保留。叶片矩圆形、矩圆状倒卵形或倒卵状披针形，顶端急尖或圆钝，基部渐狭。花密生，成具总花梗的头状花序，单生在叶腋，球形；苞片卵形，小苞片披针形；花被片矩圆形，白色，光亮，无毛，顶端急尖，背部侧扁；子房倒卵形，具短柄。花期5～10月。

应用价值： 堵塞航道，影响水上交通；排挤其他植物，使群落物种单一化；覆盖水面，影响鱼类生长和捕捞；田间沟渠大量繁殖，影响农田排灌；入侵湿地、草坪，破坏景观；滋生蚊蝇，危害人类健康。所以宜清除。

生境特点： 多生长在池沼、水沟内。

PLANT 133 美洲商陆

Phytolacca americana Linn.
商陆科商陆属

形态特征： 多年生草本。高1～2m。茎直立或披散，圆柱形，有时带紫红色。叶大，长椭圆形或卵状椭圆形，质柔嫩。总状花序直立，顶生或侧生，长约15cm；先端急尖；花序梗长4～12cm；花白色，微带红晕。果实扁球形，多汁液，熟时紫黑色，果实一串串地下垂。夏秋季开花。

应用价值： 美洲商陆是一种入侵植物，并且有毒。

生境特点： 生于山脚、林间、路旁及房前屋后，平原、丘陵及山地均有分布。

PLANT 134　牛繁缕（鹅肠菜）

Myosoton aquaticum (Linn.) Moench
石竹科鹅肠菜属

形态特征： 二年生或多年生草本。具须根。茎上升，多分枝，长50～80cm，上部被腺毛。叶片卵形或宽卵形，长2.5～5.5cm，宽1～3cm，顶端急尖，基部稍心形，有时边缘具毛。顶生二歧聚伞花序；苞片叶状，边缘具腺毛；花梗细，长1～2cm，花后伸长并向下弯，密被腺毛；萼片卵状披针形或长卵形，顶端较钝，边缘狭膜质，外面被腺柔毛，脉纹不明显；子房长圆形，花柱短，线形。子房长圆形，花柱短，线形。蒴果卵圆形，稍长于宿存萼。种子近肾形，直径约1mm，稍扁，褐色，具小疣。花期5～8月，果期6～9月。

应用价值： 全草供药用，驱风解毒，外敷治疖疮。幼苗可作野菜和饲料。

生境特点： 生于河流两旁冲积沙地的低湿处或灌丛林缘和水沟旁。

PLANT 135　莲（荷花）

Nelumbo nucifera Gaertn.
睡莲科莲属

形态特征： 多年生水生草本。地下茎长而肥厚，有长节。表面深绿色，被蜡质白粉，背面灰绿色，全缘稍呈波状；叶柄粗壮，圆柱形，中空，外面散生小刺。花梗和叶柄等长或稍长于叶柄，也散生小刺。花瓣多数，嵌生在花托穴内，有红、粉红、白、紫等色，或有彩纹、镶边。坚果椭圆形，种子卵形。花期6～9月，果期8～10月。

应用价值： 食用，药用，观赏。

生境特点： 喜相对稳定的平静浅水、湖沼、泽地、池塘。

PLANT 136 睡莲 *Nymphaea rubra* Roxb.
睡莲科睡莲属

形态特征： 多年生水生草本。根状茎肥厚，叶柄圆柱形、细长。叶椭圆形，浮生于水面，全缘，叶基心形，叶表面浓绿，背面暗紫。叶二型：浮水叶圆形或卵形，基部具弯缺，心形或箭形，常无出水叶；沉水叶薄膜质，脆弱。花单生，浮于或挺出水面；花萼4枚，绿色；花瓣白色，宽披针形、长圆形或倒卵形。浆果球形。花期5~8月，果期8~9月。

应用价值： 花大形、美丽，浮在或高出水面，可广泛用于水体绿化。

生境特点： 喜相对稳定的平静浅水、湖沼、泽地、池塘。

PLANT 137 还亮草 *Delphinium anthriscifolium* Hance
毛茛科翠雀属

形态特征： 多年生草本植物。茎高可达78cm，等距地生叶，分枝。羽状复叶，叶片菱状卵形或三角状卵形，羽片狭卵形，表面疏被短柔毛，背面无毛或近无毛。总状花序，有花多达15朵；轴和花梗具短柔毛；基部苞片叶状，小苞片生花梗中部，披针状线形；萼片堇色或紫色，椭圆形至长圆形；花瓣紫色，无毛，上部变宽。种子扁球形，上部有螺旋状生长的横膜翅，下部约有5条同心的横膜翅。花期3~5月，果期6~8月。

应用价值： 还亮草凭借植株挺拔、叶片清秀、花序饱满、着花繁密的特点，在园林绿化推广应用中具有很大潜力。

生境特点： 生于丘陵或低山的山坡草丛或溪边草地。

PLANT 138 禺毛茛 *Ranunculus cantoniensis* DC.
毛茛科毛茛属

形态特征： 多年生或一、二年生草本。须根伸长簇生。茎直立，上部有分枝，与叶柄均密生开展的黄白色糙毛。叶为三出复叶，基生叶和下部叶有长达15cm的叶柄，上部叶渐小，3全裂，有短柄至无柄。花序有较多花，疏生，花瓣5，椭圆形，黄色。瘦果扁，狭倒卵形。花果期4～7月。

应用价值： 全草含原白头翁素，捣敷发泡，治黄疸，目疾。

生境特点： 生于潮湿地方或浅水中。

PLANT 139 毛茛 *Ranunculus japonicus* Thunb.
毛茛科毛茛属

形态特征： 多年生草本。须根多数簇生。茎直立，高可达70cm。叶片圆心形或五角形，基部心形或截形，中裂片倒卵状楔形或宽卵圆形或菱形，两面贴生柔毛，叶柄生开展柔毛；裂片披针形，有尖齿牙或再分裂。聚伞花序有多数花，疏散；花贴生柔毛；萼片椭圆形，生白柔毛；花瓣倒卵状圆形，花托短小，无毛。聚合果近球形，瘦果扁平，花果期4～9月。

应用价值： 全草含原白头翁素，有毒，为发泡剂和杀菌剂，捣碎外敷，可截疟、消肿及治疮癣。

生境特点： 生于田沟旁和林缘路边的湿草地上。

PLANT 140　扬子毛茛　*Ranunculus sieboldii* Miq.
毛茛科毛茛属

形态特征： 多年生草本。茎高20~50cm。须根伸长簇生。茎铺散，斜升，下部节偃地生根，多分枝，密生开展的白色或淡黄色柔毛。基生叶与茎生叶相似，为三出复叶；叶片圆肾形至宽卵形，基部心形；叶柄密生开展的柔毛，基部扩大成褐色膜质的宽鞘抱茎，上部叶较小，叶柄也较短。花与叶对生，花黄色或上面变白色。聚合果圆球形，无毛。花果期5~10月。

应用价值： 药用，治疟疾、瘰肿、毒疮、跌打损伤。

生境特点： 生于溪边或林边阴湿处。

PLANT 141　天葵　*Semiaquilegia adoxoides* (DC.) Makino
毛茛科天葵属

形态特征： 多年生草本。块根长达2cm，外皮棕黑色。茎高可达32cm。基生叶为掌状三出复叶；叶片轮廓卵圆形至肾形，小叶扇状菱形或倒卵状菱形，两面均无毛；叶柄长可达12cm，茎生叶与基生叶相似。花小，苞片小，倒披针形至倒卵圆形；花梗纤细；萼片白色，常带淡紫色，狭椭圆形；花瓣匙形，与花丝近等长。蓇葖果卵状长椭圆形，表面具凸起的横向脉纹。种子卵状椭圆形。花期3~4月，果期4~5月。

应用价值： 本种的根叫"天葵子"，是一种较常用的中药材，有小毒，可治疗疮疖肿、乳腺炎、扁桃体炎、淋巴结核、跌打损伤等症。块根也可作农药，防治蚜虫、红蜘蛛、稻螟等虫害。

生境特点： 喜阴湿，常野生于低山区路边和隙地荫蔽处。忌积水，以排水良好、疏松、肥沃的壤土栽培为好。

草 本 植 物

PLANT 142 伏生紫堇（夏天无）

Corydalis decumbens (Thunb.) Pers.
罂粟科紫堇属

形态特征： 多年生草本植物，全株无毛。块茎近球形。茎细弱，长17～30cm，不分枝。基生叶有长柄，柄长达10cm；叶片轮廓近正三角形，长约6cm，二回三出，全裂，末回裂片有短柄，倒卵形；茎生叶2～3，似基生叶而较小，有柄或无柄。总状花序长达4cm，苞片狭倒卵形，长5～7mm，下部花梗长达1.2cm；花瓣紫色，上面花瓣长1.4～1.7cm，瓣片近圆形，顶部微凹，边缘波状，距圆筒形，平直或稍向上弯曲。蒴果线形，种子细小，2列。花期4～5月，果期5～6月。

应用价值： 伏生紫堇植株姿态轻盈，花序颜色淡雅、形状优美，可作为园林景观植物进行应用。

生境特点： 生于丘陵、低坡阴湿的林下沟边及旷野田塍边。

PLANT 143 博落回

Macleaya cordata (Willd.) R. Br.
罂粟科博落回属

形态特征： 多年生直立草本。茎高1～4m，茎直立，基部木质化，具乳黄色浆汁；绿色，光滑，多白粉，中空，上部多分枝。叶片宽卵形或近圆形，先端急尖、渐尖、钝或圆形，通常7或9深裂或浅裂，裂片半圆形、方形、三角形或其他，边缘波状、缺刻状、粗齿或多细齿，表面绿色，无毛，背面多白粉，被易脱落的细绒毛，基出脉通常5，侧脉2对，稀3对，细脉网状，常呈淡红色；叶柄长1～12cm，上面具浅沟槽。大型圆锥花序多花，顶生和腋生。蒴果狭倒卵形或倒披针形。种子4～6（～8）枚，卵珠形。花果期6～11月。

应用价值： 博落回干茎高大粗壮，叶大如扇，开花繁茂，宜植于庭园僻隅、林缘池旁。亦可入药。

生境特点： 生于山坡、路边及沟边。

075

PLANT 144　珠芽景天　*Sedum bulbiferum* Makino
景天科景天属

形态特征： 多年生草本。茎下部常横卧；叶腋常有圆球形、肉质、小形珠芽着生。基部叶常对生，上部的互生，下部叶卵状匙形，上部叶匙状倒披针形，先端钝，基部渐狭。花序聚伞状，分枝3，常再二歧分枝；萼片5，披针形至倒披针形，有短距，先端钝；花瓣5，黄色，披针形，先端有短尖。花期4~5月。

应用价值： 全草供药用，消炎解毒、散寒理气，治疟疾、积食、腹痛等症。

生境特点： 生于树荫等阴湿地。

PLANT 145　蛇莓　*Duchesnea indica* (Andr.) Focke
蔷薇科蛇莓属

形态特征： 多年生草本。根茎短，粗壮。匍匐茎多数，有柔毛。小叶片倒卵形至菱状长圆形，先端圆钝，边缘有钝锯齿，两面皆有柔毛，或正面无毛；具小叶柄，叶柄有柔毛；托叶窄卵形至宽披针形。花单生于叶腋，黄色；花托在果期膨大，海绵质，鲜红色，有光泽，外面有长柔毛。瘦果卵形，光滑或具不显明突起，鲜时有光泽。花期6~8月，果期8~10月。

应用价值： 蛇莓是优良的花卉，春季赏花、夏季观果。亦可入药。

生境特点： 多生于山坡、河岸、草地及潮湿的地方。

草 本 植 物

PLANT 146 蛇含委陵菜　*Potentilla kleiniana* Wight et Arn.
蔷薇科委陵菜属

形态特征： 多年生宿根草本。花茎上升或匍匐，常于节处生根并发育出新植株，被疏柔毛或开展长柔毛。基生叶为近于鸟足状5小叶，叶柄被疏柔毛或开展长柔毛；小叶几无柄，稀有短柄，小叶片倒卵形或长圆倒卵形，两面绿色，被疏柔毛。聚伞花序密集枝顶如假伞形，密被开展长柔毛，下有茎生叶如苞片状；花瓣黄色，倒卵形，顶端微凹，长于萼片；花柱近顶生，圆锥形，基部膨大，柱头扩大。瘦果近圆形，一面稍平，具皱纹。花果期4～9月。

应用价值： 全草供药用，有清热、解毒、止咳、化痰之效，捣烂外敷治疮毒、痈肿及蛇虫咬伤。

生境特点： 生于田边、水旁、草甸及山坡草地。

PLANT 147 白车轴草（白三叶）　*Trifolium repens* Linn.
豆科车轴草属

形态特征： 多年生草本，生长期达5年。高10～30cm。主根短，侧根和须根发达。茎匍匐蔓生，上部稍上升，节上生根，全株无毛。掌状三出复叶；托叶卵状披针形，膜质，基部抱茎成鞘状，离生部分锐尖。花冠白色、乳黄色或淡红色，具香气。荚果长圆形。种子通常3粒，阔卵形。花果期5～10月。

应用价值： 具有经济价值，可饲用。具有生态观赏，建植草坪、改土肥田。具有药用价值，全草可入药，具有清热凉血，安神镇痛，祛痰止咳的功效。

生境特点： 在湿润草地、河岸、路边呈半自生状态。

PLANT 148　酢浆草

Oxalis corniculata Linn.

酢浆草科酢浆草属

形态特征： 多年生草本。全体有疏柔毛，茎匍匐或斜升，多分枝。叶互生，掌状复叶有3小叶，倒心形；小叶无柄。花单生或数朵集为伞形花序状，腋生，总花梗淡红色，与叶近等长；果后延伸；小苞片膜质；萼片背面和边缘被柔毛，宿存；花瓣黄色，长圆状倒卵形，花丝白色半透明，有时被疏短柔毛，长者花药较大且早熟；花柱5，柱头头状。蒴果长圆柱形，长1~2.5cm。种子长卵形，褐色或红棕色，具横向肋状网纹。花果期2~9月。

应用价值： 全草入药，能解热利尿、消肿散淤。茎叶含草酸，可用以磨镜或擦铜器，使其具光泽。

生境特点： 喜荫蔽、湿润的环境。

PLANT 149　野老鹳草

Geranium carolinianum Linn.

牻牛儿苗科老鹳草属

形态特征： 多年生草本。高可达60cm，根纤细，具棱角。基生叶早枯，茎生叶互生或最上部对生；托叶披针形或三角状披针形，外被短柔毛；叶片圆肾形，基部心形，裂片楔状倒卵形或菱形，小裂片条状矩圆形，先端急尖。花序腋生和顶生，花序呈伞形状；苞片钻状，萼片长卵形或近椭圆形，花瓣淡紫红色，倒卵形。蒴果被短糙毛，果瓣由喙上部先裂向下卷曲。花期4~7月，果期5~9月。

应用价值： 田间和果园杂草，亦侵入山坡草地。

生境特点： 常见于荒地、田园、路边和沟边。

草 本 植 物

PLANT 150 元宝草 *Hypericum sampsonii* Hance
藤黄科金丝桃属

形态特征： 多年生草本，全体无毛。茎单一或少数，圆柱形，无腺点，上部分枝。叶对生，无柄，先端钝形或圆形，基部较宽，全缘，坚纸质，叶正面绿色，背面淡绿色，边缘密生黑色腺点，全面散生透明或间有黑色腺点。花序顶生，多花，伞房状；花瓣淡黄色，椭圆状长圆形，宿存；花药淡黄色，具黑腺点。蒴果宽卵珠形至或宽或狭的卵珠状圆锥形，散布有卵珠状黄褐色囊状腺体。种子黄褐色，长卵柱形，两侧无龙骨状突起，顶端无附属物，表面有明显的细蜂窝纹。花期5~6月，果期7~8月。

应用价值： 药用，凉血止血、清热解毒、活血调经、祛风通络。

生境特点： 生于山坡草丛中或矿野路旁阴湿处。

PLANT 151 白花堇菜 *Viola lactiflora* Nakai
堇菜科堇菜属

形态特征： 多年生草本。无地上茎，高10~18cm。根状茎稍粗，垂直或斜生，上部具短而密的节，散生数条淡褐色长根。叶多数，均基生，叶片长三角形或长圆形。花白色，中等大；花梗不超出或稍超出叶，在中部或中部以上有2枚线形小苞片；萼片披针形或宽披针形，先端渐尖，基部附属物短而明显，末端截形，具钝齿或全缘，边缘狭膜质，具3脉；花瓣倒卵形，侧方花瓣里面有明显的须毛，下方花瓣较宽，先端无微缺，末端具明显的筒状距；子房无毛，花柱棍棒状，基部细，稍向前膝曲，向上渐增粗，柱头两侧及后方稍增厚成狭的缘边，前方具短喙，喙端有较细的柱头孔。果近球形，长约5cm，无毛。花期3~4月。

应用价值： 可食用。亦可药用，清热解毒、消肿止痛。

生境特点： 生于山坡草地、田野、路旁、沟边。

PLANT 152　紫花地丁　*Viola philippica* Cav.
堇菜科堇菜属

形态特征： 多年生草本。无地上茎，高4~14cm，果期高可达20cm。根状茎短，垂直，淡褐色，长4~13mm，粗2~7mm，节密生，有数条淡褐色或近白色的细根。叶片下部呈三角状卵形或狭卵形，上部者较长，呈长圆形、狭卵状披针形或长圆状卵形。花中等大，紫堇色或淡紫色，稀呈白色，喉部色较淡并带有紫色条纹。蒴果长圆形，长5~12mm。种子卵球形，长1.8mm，淡黄色。花果期4月中下旬至9月。

应用价值： 紫花地丁植株低矮，生长整齐，株丛紧密，观赏性高，适应性强，有自播能力，可大面积群植。

生境特点： 喜光，喜湿润的环境，耐阴也耐寒，不择土壤，适应性极强。

PLANT 153　千屈菜　*Lythrum salicaria* Linn.
千屈菜科千屈菜属

形态特征： 多年生草本。根茎横卧于地下，粗壮。茎直立，多分枝，全株青绿色，略被粗毛或密被绒毛，枝通常具4棱。叶对生或三叶轮生，披针形或阔披针形。花组成小聚伞花序，簇生，因花梗及总梗极短，花枝全形似一大型穗状花序；苞片阔披针形至三角状卵形；附属体针状，直立，红紫色或淡紫色。蒴果扁圆形。花果期7~9月。

应用价值： 本种为花卉植物，华北、华东常栽培于水边或作盆栽，供观赏。株丛整齐，耸立而清秀，花朵繁茂，花序长，花期长，是水景中优良的竖线条材料。最宜在浅水岸边丛植或池中栽植，也可作花境材料及切花、盆栽或在沼泽园使用。

生境特点： 生于河岸、湖畔、溪沟边和潮湿草地。

PLANT 154 柳叶菜 *Epilobium hirsutum* Linn.
柳叶菜科柳叶菜属

形态特征： 多年生粗壮草本。茎常在中上部多分枝，周围密被伸展长柔毛，常混生较短而直的腺毛，尤花序上如此，稀密被白色绵毛，茎上疏生鳞片状叶，先端常生莲座状叶芽。叶草质，对生，茎上部的互生，无柄，并多少抱茎。花直立，花瓣常玫瑰红色，或粉红、紫红色，宽倒心形。孢子囊群多分布于叶片之边缘，褐色，狭而连续，囊群盖内缘呈疏圆齿状。花期6～8月。

应用价值： 药用，止咳、调经、祛湿。

生境特点： 多生于滨江30m范围内的岩石隙间。

PLANT 155 黄花水龙 *Ludwigia peploides* (Kunth) Ravea ssp. *stipulacea* (Ohwi) Ravea
柳叶菜科丁香蓼属

形态特征： 多年生浮水或上升草本，浮水茎节上常生圆柱形海绵状贮气根状浮器，具多数须状根。叶长圆形或倒卵状长圆形，先端常锐尖或渐尖，基部狭楔形，托叶明显，卵形或鳞片状。花单生于上部叶腋；小苞片常生于子房近中部，三角形，长约1mm；萼片5，三角形，多少被毛；花瓣鲜金黄色，基部常有深色斑点，倒卵形，先端钝圆或微凹，基部宽楔形。蒴果具10条纵棱，长1～2.5cm；果梗长2～6cm。种子椭圆状。花期6～8月，果期8～10月。

应用价值： 生长快速，可作为水池绿化植物，具有良好的净化效果。

生境特点： 生于池塘、水田湿地。

PLANT 156 粉绿狐尾藻 *Myriophyllum aquaticum* (Vell.) Verdc.
小二仙草科狐尾藻属

形态特征： 多年生水生植物。株高约10~20cm。茎呈半蔓性，能匍匐湿地生长。上部为挺水叶，匍匐在水面上；下半部为水中茎，水中茎多分枝。叶5~7片轮生，羽状排列，小叶针状，绿白色；沉水叶丝状，朱红色，冬天老叶会枯掉，叶子掉落时红色。雌雄异花、异株。

应用价值： 粉绿狐尾藻不仅能吸收水中的氮、磷等物质，净化水体，抑制蓝藻暴发，同时也是颇具知名度的观赏性水草，但是由于其适应性极强，生长极快，能够快速覆盖整个水面，排挤其他植物，使群落物种单一化，影响鱼类生长，还可能入侵湿地、草坪等，不但影响整个生态系统，还有可能堵塞航道。

生境特点： 主要分布于河川水域边或低洼湿地。

PLANT 157 穗花狐尾藻 *Myriophyllum spicatum* Linn.
小二仙草科狐尾藻属

形态特征： 多年生沉水草本。根状茎生于泥中，节部生长不定根。茎圆柱形，直立，常分枝。叶无柄，丝状全裂。穗状花序生于水面之上，雌雄同株。

应用价值： 全草入药，清凉、解毒、止痢，治慢性下痢。夏季生长旺盛，一年四季可采，可为养猪、养鱼、养鸭的饲料。

生境特点： 适应能力强，在各种水体中均能发育良好，属喜光植物。

草 本 植 物

PLANT 158 积雪草 *Centella asiatica* (Linn.) Urban
伞形科积雪草属

形态特征： 多年生草本。茎匍匐，细长，节上生根。叶片膜质至草质，圆形、肾形或马蹄形。伞形花序聚生于叶腋，花瓣卵形，紫红色或乳白色，膜质。果实两侧扁压，圆球形，基部心形至平截形，每侧有纵棱数条，棱间有明显的小横脉，网状，表面有毛或平滑。花果期4~10月。

应用价值： 全草入药，清热利湿，消肿解毒。

生境特点： 生于阴湿草地、田边、沟边。

PLANT 159 天胡荽 *Hydrocotyle sibthorpioides* Lam.
伞形科天胡荽属

形态特征： 多年生草本，有气味。茎细长而匍匐，平铺地上成片，节上生根。叶片膜质至草质，圆形或肾圆形。伞形花序与叶对生，花瓣卵形，有腺点；花丝与花瓣同长或稍超出，花药卵形；花柱长0.6~1mm。果实略呈心形，长1~1.4mm，宽1.2~2mm，两侧扁压，中棱在果熟时极为隆起，幼时表面草黄色，成熟时有紫色斑点。花果期4~9月。

应用价值： 全草入药，清热、利尿、消肿、解毒。

生境特点： 通常生长在湿润的草地、河沟边、林下。

PLANT 160 破铜钱

Hydrocotyle sibthorpioides Lam. var. *batrachaum* (Hance) Hand.-Mazz. ex Shan
伞形科天胡荽属

形态特征： 多年生草本。茎纤弱细长，匍匐，平铺地上成片；茎节上生根。单叶互生，圆形或近肾形，基部心形，5~7浅裂，裂片短，有2~3个钝齿，叶正面深绿色，绿色或有柔毛，或两面均光滑至微有柔毛；叶柄纤弱。伞形花序与叶对生，单生于节上，花瓣卵形，呈镊合状排列，绿白色。花期6~8月。

应用价值： 全棵植物都可以食用，制成生菜或加盐腌渍成酱菜。全草入药，治黄疸、肝炎、肾炎、百日咳等。

生境特点： 喜生在湿润的路旁、草地、河沟边、湖滩、溪谷及山地。

PLANT 161 香菇草（钱币草）

Hydrocotyle vulgaris Linn.
伞形科天胡荽属

形态特征： 多年生挺水或湿生观赏植物。高5~15cm。植株具有蔓生性，节上常生根。茎顶端呈褐色。叶互生，具长柄，圆盾形，叶缘波状，草绿色，叶脉放射状。花两性，伞形花序，小花白色。果为分果。花期6~8月。

应用价值： 生长迅速，成形较快。常作水体岸边丛植、片植，是庭院水景造景，尤其是景观细部设计的好材料，可用于室内水体绿化或水族箱前景栽培。

生境特点： 生长于溪边湿润处。

草本植物

PLANT 162 水芹 *Oenanthe javanica* (Bl.) DC.
伞形科水芹菜属

形态特征： 多年生草本，高15～80cm。茎直立或基部匍匐。基生叶有柄，柄长达10cm，基部有叶鞘；叶片轮廓三角形，一至二回羽状分裂，末回裂片卵形至菱状披针形，边缘有牙齿或圆齿状锯齿；茎上部叶无柄，裂片和基生叶的裂片相似，较小。复伞形花序顶生，白色。果实近于四角状椭圆形或筒状长圆形。花期6～7月，果期8～9月。

应用价值： 茎叶可作蔬菜食用。全草民间也作药用，有降低血压的功效。

生境特点： 生活在河沟、水田旁，以土质松软、土层深厚肥沃、富含有机质、保肥保水力强的黏质土壤为宜。

PLANT 163 泽珍珠菜 *Lysimachia candida* Lindl.
报春花科珍珠菜属

形态特征： 一年生或多年生直立草本，全株无毛。茎圆柱形，肉质，基部常带红色。基质叶匙形或倒披针形，具有狭翅的柄，开花时存在或早凋；茎叶互生，很少对生。叶片倒卵形、倒披针形或线形，先端渐尖或钝，基部渐狭，下延，边缘全缘或微皱呈波状，两面均有黑色或带红色的小腺点，无柄或近于无柄。总状花序顶生，花冠白色。蒴果球形，直径2～3mm。花期3～6月，果期4～7月。

应用价值： 全草入药，清热解毒、消肿散结，适宜于作地被材料、水景材料或盆栽应用。

生境特点： 生于田边、溪边和山坡路旁潮湿处。

085

PLANT 164 马蹄金 *Dichondra micrantha* Urban
旋花科马蹄金属

形态特征： 多年生匍匐小草本。茎细长，被灰色短柔毛，节上生根。叶肾形至圆形，具长的叶柄。花单生叶腋，花柄短于叶柄，丝状；萼片倒卵状长圆形至匙形，钝，长2~3mm，背面及边缘被毛；花冠钟状，较短至稍长于萼，黄色。种子1~2枚，黄色至褐色，无毛。花期4月，果期7~8月。

应用价值： 马蹄金叶色翠绿，植株低矮，叶片密集、美观，耐轻度践踏，生命力旺盛，抗逆性强，适应性广，对生长条件要求较低，无需修剪。既具观赏价值，又有固土护坡、绿化、净化环境的作用。其作为优良的地被植物已被广泛应用于中国南方北亚热带地区。全草供药用，有清热利尿、祛风止痛、消炎解毒之功。

生境特点： 生长于山坡草地、路旁或沟边。

PLANT 165 风轮菜 *Clinopodium chinense* (Benth.) O. Kuntze
唇形科风轮菜属

形态特征： 多年生草本。高可达1m。茎基部匍匐生根，上部上升，多分枝，四棱形，密被短柔毛及腺毛。叶对生，密被疏柔毛，叶片卵圆形，先端尖或钝，基部楔形，边缘具锯齿，叶正面密被短硬毛，背面被疏柔毛。轮伞花序多花密集，半球状，花冠紫红色。小坚果倒卵形，黄褐色。花期5~8月，果期8~10月。

应用价值： 新鲜的嫩叶具有香辛味，可用于烹调。有一定的药用价值。

生境特点： 生于山坡、草丛、路边、沟边、灌丛、林下。

草 本 植 物

PLANT 166 细风轮菜 *Clinopodium gracile* (Benth.) Matsum.
唇形科风轮菜属

形态特征： 多年生纤细草本。高8~30cm。茎多数，自匍匐茎生出，不分枝或基部具分枝，被倒向短柔毛。叶基部圆形，边缘具疏圆齿，较下部或全部叶均为卵形。轮伞花序或密集于茎端成短总状花序，疏花，花萼管状。小坚果卵球形，褐色，光滑。花期6~8月，果期8~10月。

应用价值： 全草入药，治感冒头痛、中暑腹痛、痢疾、乳腺炎、疔疮肿毒、荨麻疹、过敏性皮炎、跌打损伤等症。

生境特点： 生于路边、沟边、空旷草地、林缘、灌丛中。

PLANT 167 活血丹 *Glechoma longituba* (Nakai) Kupr.
唇形科活血丹属

形态特征： 多年生草本。具匍匐茎，上升，逐节生根。茎四棱形，基部通常呈淡紫红色，几无毛，幼嫩部分疏被长柔毛。叶草质，下部者较小，上部者较大，叶片心形。轮伞花序，花冠淡蓝、蓝至紫色，下唇具深色斑点，冠筒直立，上部渐膨大成钟形，有长筒与短筒两型。成熟小坚果深褐色，长圆状卵形，顶端圆，基部略成三棱形，无毛，果脐不明显。花期4~5月，果期5~6月。

应用价值： 民间广泛用全草或茎叶入药，治膀胱结石或尿路结石有效，外敷治跌打损伤，内服亦治伤风咳嗽、吐血、糖尿病及风湿关节炎等症；叶汁治小儿惊痫、慢性肺炎。

生境特点： 生于林缘、疏林下、草地中、溪边等阴湿处。

PLANT 168 薄荷 *Mentha canadensis* Linn.
唇形科薄荷属

形态特征： 多年生草本。茎直立，高30～60cm，下部数节具纤细的须根及水平匍匐根状茎，锐四棱形，具四槽，上部被倒向微柔毛，下部仅沿棱上被微柔毛，多分枝。叶片长圆状披针形、披针形、椭圆形或卵状披针形，稀长圆形，先端锐尖，基部楔形至近圆形，边缘在基部以上疏生粗大的牙齿状锯齿，叶正面绿色；沿脉上密生，余部疏生微柔毛，或除脉外余部近于无毛。轮伞花序腋生，轮廓球形，花冠淡紫。小坚果卵珠形，黄褐色，具小腺窝。花期7～9月，果期10月。

应用价值： 薄荷植株姿态玲珑，花色优雅，是一种可利用的地被植物。幼嫩茎尖可作菜食。全草入药。

生境特点： 生于水旁潮湿地。砂质壤土、壤土和腐殖质土都可栽培。

PLANT 169 水苏 *Stachys japonica* Miq.
唇形科水苏属

形态特征： 多年生草本。植株高20～80cm，有在节上生须根的根茎。茎直立，四棱形，具槽，在棱及节上被小刚毛，余部无毛。茎叶长圆状宽披针形。轮伞花序，花冠粉红或淡红紫色。小坚果卵珠状，棕褐色，无毛。花期5～7月，果期7月以后。

应用价值： 水苏花色艳丽，花型美观，可作为观赏植物，兼具植株低矮的特点，成片种植，可形成良好的景观。民间用全草或根入药，治百日咳、扁桃体炎等症。

生境特点： 生于低海拔水沟、河岸等湿地上。

PLANT 170 匍茎通泉草 *Mazus miquelii* Makino
玄参科通泉属

形态特征： 多年生草本。茎纤维状丛生，有直立茎和匍匐茎，直立茎倾斜上升，匍匐茎花期发出。基生叶常多数成莲座状，倒卵状匙形，边缘具粗锯齿；茎生叶在直立茎上的多互生，在匍匐茎上的多对生，有短柄。总状花序顶生，花稀疏，下部的花梗长达2cm，越往上越短；花萼钟状漏斗形；花冠紫色或白色而有紫斑，上有棕色斑纹，并被短白毛，易脱落。蒴果卵形至倒卵形或球形微扁，绿色，稍伸出萼管，开裂。种子细小而多数。花果期2~8月。

应用价值： 全草药用，止痛、健胃、解毒消肿。

生境特点： 生于海拔300m以下的潮湿路旁、荒林、疏林、田边、路旁湿地。

PLANT 171 车前 *Plantago asiatica* Linn.
车前科车前属

形态特征： 二年生或多年生草本。须根多数。根茎短，稍粗。叶基生呈莲座状，平卧、斜展或直立；叶片薄纸质或纸质，宽卵形至宽椭圆形，先端钝圆至急尖，边缘波状、全缘或中部以下有锯齿或裂齿，基部宽楔形或近圆形，两面疏生短柔毛。穗状花序细圆柱状，花冠白色，无毛，冠筒与萼片约等长。蒴果纺锤状卵形、卵球形或圆锥状卵形。种子卵状椭圆形或椭圆形，具角，黑褐色至黑色，背腹面微隆起；子叶背腹向排列。花期4~8月，果期6~9月。

应用价值： 有一定的食用和药用价值。

生境特点： 生于草地、沟边、河岸湿地、田边、路旁或村边空旷处。

PLANT 172　四叶葎　*Galium bungei* Steud.
茜草科拉拉藤属

形态特征： 多年生丛生直立草本。根红色丝状。茎有4棱，不分枝或稍分枝，常无毛或节上有微毛。叶纸质，4片轮生，叶形变化较大，常在同一株内上部与下部的叶形均不同，卵状长圆形、卵状披针形、披针状长圆形或线状披针形，顶端尖或稍钝，基部楔形，中脉和边缘常有刺状硬毛，有时两面亦有糙伏毛，近无柄或有短柄。聚伞花序顶生和腋生，稠密或稍疏散，总花梗纤细，再形成圆锥状花序；花小，花冠黄绿色或白色，花冠裂片卵形或长圆形。双悬果扁球形，有鳞片状短毛。花期4~9月，果期5月至翌年1月。

应用价值： 全草药用，清热解毒、利尿、消肿。

生境特点： 生于田畔、沟边等湿地。

PLANT 173　猪殃殃　*Galium spurium* Linn.
茜草科拉拉藤属

形态特征： 多年生草本植物。多枝、蔓生或攀缘状草本，棱上、叶缘、叶脉上均有倒生的小刺毛。叶纸质或近膜质片，带状倒披针形或长圆状倒披针形，顶端有针状凸尖头，基部渐狭，两面常有紧贴的刺状毛。聚伞花序腋生或顶生，少至多花，花小；花冠黄绿色或白色，辐状，裂片长圆形。果干燥，有1或2个近球状的分果爿，肿胀，密被钩毛，果柄直。花期3~7月，果期4~11月。

应用价值： 全草药用，清热解毒、消肿止痛、利尿、散瘀。

生境特点： 生于山坡、旷野、沟边、河滩、田中、林缘、草地。

PLANT 174 半边莲 *Lobelia chinensis* Lour.
桔梗科半边莲属

形态特征： 多年生草本。高6~15cm。茎细弱，匍匐，节上生根，分枝直立。叶互生，无柄或近无柄，椭圆状披针形至条形。花通常1朵，生于分枝的上部叶腋；花梗细，小苞片无毛；花萼筒倒长锥状；花冠粉红色或白色。蒴果倒锥状，长约6mm。种子椭圆状，稍扁压，近肉色。花果期5~10月。

应用价值： 半边莲姿态轻盈，花型优美，有比较高的观赏价值；还兼有一定的药用价值。

生境特点： 生于田埂、草地、沟边、溪边潮湿处。

PLANT 175 多裂翅果菊 *Pterocypsela laciniata* (Houtt.) Shih
菊科翅果菊属

形态特征： 多年生草本。高0.6~2m。根粗厚，分枝成萝卜状。茎单生，直立，上部圆锥花序状分枝，全部茎枝无毛。中下部茎叶倒披针形、椭圆形或长椭圆形，规则或不规则二回羽状深裂。头状花序多数，在茎枝顶端排成圆锥花序，舌状小花21枚，黄色。瘦果椭圆形，压扁，棕黑色，边缘有宽翅。花果期7~10月。

应用价值： 可作猪、羊、兔及家禽的饲料。嫩茎叶可食。全草入药，有清热解毒、活血、止血的功效。

生境特点： 生于山谷、山坡林缘、灌丛、草地及荒地。

PLANT 176 艾蒿 *Artemisia argyi* Lévl. et Vant.
菊科蒿属

形态特征： 多年生草本或略成半灌木状植物。高80~150cm。植株有浓烈香气。茎单生或少数，褐色或灰黄褐色，基部稍木质化，上部草质，并有少数短的分枝。叶厚纸质，叶正面被灰白色短柔毛，基部通常无假托叶或具极小的假托叶；上部叶与苞片叶羽状半裂。头状花序椭圆形，花冠管状或高脚杯状，外面有腺点，花药狭线形，花柱与花冠近等长或略长于花冠。瘦果长卵形或长圆形。花果期9~10月。

应用价值： 药用，温经止血、散寒止痛，外用祛湿止痒。

生境特点： 生于低海拔至中海拔地区的荒地、路旁、河边及山坡等地。

PLANT 177 白苞蒿 *Artemisia lactiflora* Wall. ex DC.
菊科蒿属

形态特征： 多年生草本。高50~150cm。茎通常单生，直立，稀2至少数集生，绿褐色或深褐色，纵棱稍明显；上半部具开展、纤细、着生头状花序的分枝；茎、枝初时微有稀疏、白色的蛛丝状柔毛，后脱落无毛。叶薄纸质或纸质，叶正面初时有稀疏、不明显的腺毛状的短柔毛，背面初时微有稀疏短柔毛，后脱落无毛。头状花序长圆形，无梗，基部无小苞叶；两性花4~10朵，花冠管状，花药椭圆形，先端附属物尖，长三角形，基部圆钝，花柱近与花冠等长。瘦果倒卵形或倒卵状长圆形。花果期8~11月。

应用价值： 全草入药，理气、活血、调经、利湿、解毒、消肿。

生境特点： 多生于林下、林缘、灌丛边缘、山谷等湿润或略为干燥地区。

PLANT 178 野艾蒿 *Artemisia lavandulifolia* DC.
菊科蒿属

形态特征： 多年生草本。高50~120cm。有时为半灌木状，植株有香气。主根稍明显，侧根多；根状茎稍粗，常匍地，有细而短的营养枝。茎少数，成小丛，稀单生，具纵棱，分枝多，斜向上伸展；茎、枝被灰白色蛛丝状短柔毛。叶纸质，正面绿色，具密集白色腺点及小凹点，初时疏被灰白色蛛丝状柔毛，后毛稀疏或近无毛，背面除中脉外密被灰白色密绵毛。头状花序极多数，椭圆形或长圆形，有短梗或近无梗，具小苞叶，在分枝的上半部排成密穗状或复穗状花序，并在茎上组成狭长的中等开展（稀为开展）的圆锥花序，花后头状花序多下倾。瘦果长卵形或倒卵形。花果期8~10月。

应用价值： 嫩苗作菜蔬或腌制酱菜食用，鲜草作饲料。还有一定的药用价值。

生境特点： 多生于低或中海拔地区的路旁、林缘、山坡、草地、山谷、灌丛及河湖滨草地等。

PLANT 179 天名精 *Carpesium abrotanoides* Linn.
菊科天名精属

形态特征： 多年生草本。高60~100cm。茎直立，上部多分枝，密生短柔毛，下部近无毛。叶互生；下部叶片宽椭圆形或长圆形，先端尖或钝，基部狭成具翅的叶柄，边缘有不规则的锯齿或全缘。头状花序多数，沿茎枝腋生，有短梗或近无梗；花黄色，外围的雌花花冠丝状，3~5齿裂，中央的两性花花冠筒状，先端5齿裂。瘦果条形，具细纵条，先端有短喙，有腺点，无冠毛。花期6~8月，果期9~10月。

应用价值： 药用，具有清热、化痰、解毒、杀虫、破瘀、止血之功效。

生境特点： 生于山坡、路旁或草坪上。

PLANT 180 甘菊
Chrysanthemum lavandulifolium (Fisch. ex Traut.) Makino
菊科菊属

形态特征： 多年生草本。高0.3~1.5m。茎直立，自中部以上多分枝或仅上部伞房花序状分枝。亦有地下匍匐茎。茎枝有稀疏的柔毛，但上部及花序梗上的毛稍多。基部和下部叶花期脱落。中部茎叶卵形、宽卵形或椭圆状卵形；全部叶两面同色或几同色，被稀疏或稍多的柔毛或正面几无毛。头状花序通常多数在茎枝顶端，排成疏松或稍紧密的复伞房花序；舌状花黄色，舌片椭圆形。瘦果长1.2~1.5mm。花果期5~11月。

应用价值： 甘菊茎秆直立，花枝多数，开花时候色泽艳丽，可成片种植于林下、河边等处。甘菊可饮用，有长期保健的作用，还有一定的药用价值。

生境特点： 生长在河谷、河岸。

PLANT 181 刺儿菜
Cirsium arvense (Linn.) Scopoli var. *integrifolium* Wimmer et Grabowski
菊科蓟属

形态特征： 多年生草本。高30~80cm。茎直立，幼茎被白色蛛丝状毛，有棱，基部直径3~5mm，花序分枝无毛或有薄绒毛。叶互生，基生叶花时凋落，下部和中部叶椭圆形或椭圆状披针形，正面绿色，背面淡绿色，两面有疏密不等的白色蛛丝状毛，顶端短尖或钝，基部窄狭或钝圆，近全缘或有疏锯齿，无叶柄。头状花序单生茎端，或植株含少数或多数头状花序在茎枝顶端排成伞房花序；总苞卵形、长卵形或卵圆形，小花紫红色或白色。瘦果淡黄色，椭圆形或偏斜椭圆形，压扁，顶端斜截形。花果期5~9月。

应用价值： 幼嫩时期羊、猪喜食，牛、马较少采食。有一定的药用价值。

生境特点： 适应性很强，任何气候条件下均能生长，普遍群生于撂荒地、耕地、路边、村庄附近，为常见的杂草。

草 本 植 物

PLANT 182　小苦荬（齿缘苦荬菜）　*Ixeridium dentatum* (Thunb.) Tzvel.
菊科小苦荬属

形态特征： 多年生草本，全株无毛。高10～50cm。茎直立，单生，基部直径1～3mm，上部伞房花序状分枝或自基部分枝，全部茎枝无毛。基生叶长倒披针形、长椭圆形、椭圆形。头状花序多数，在茎枝顶端排成伞房状花序，花序梗细。瘦果，黑褐色，长椭圆形，有棱，冠毛白色。花果期4～8月。

应用价值： 药用，清热解毒、凉血、活血、排脓。

生境特点： 生长于山坡草地乃至平原的路边、农田或荒地上，为一种常见的杂草。

PLANT 183　抱茎小苦荬　*Ixeridium sonchifolium* (Maxim.) Shih
菊科小苦荬属

形态特征： 多年生草本。高15～60cm。根向下直伸，不分枝或分枝。茎直立，上部有分枝。基生叶莲座状，匙形、长倒披针形或长椭圆形。头状花序多数或少数，在茎枝顶端排成伞房花序或伞房圆锥花序，含黄色舌状小花约17枚，瘦果黑色，纺锤形。花果期3～5月。

应用价值： 全草入药，具有清热解毒、凉血、活血之功效。

生境特点： 一般出现于荒野、路边、田间地头，常见于麦田。

PLANT 184 马兰

Kalimeris indica (Linn.) Sch.-Bip.
菊科马兰属

形态特征： 多年生草本。根状茎有匍枝，有时具直根。茎直立，高30～70cm，上部有短毛，上部或从下部起有分枝。基部叶在花期枯萎；茎部叶倒披针形或倒卵状矩圆形，顶端钝或尖，基部渐狭成具翅的长柄，边缘从中部以上具有小尖头的钝或尖齿或有羽状裂片。头状花序单生于枝端并排列成疏伞房状。瘦果倒卵状矩圆形，极扁，褐色，边缘浅色而有厚肋，上部被腺毛及短柔毛。花期5～9月，果期8～11月。

应用价值： 全草药用，有清热解毒、消食积、利小便、散瘀止血之效。

生境特点： 生于滨江30m范围内的山坡、田边、路旁。

PLANT 185 加拿大一枝黄花

Solidago canadensis Linn.
菊科一枝黄花属

形态特征： 多年生草本。有长根状茎，茎直立，高达2.5m。叶披针形或线状披针形，长5～12cm。头状花序很小，长4～6mm，在花序分枝上单面着生，多数弯曲的花序分枝与单面着生的头状花序，形成开展的圆锥状花序；总苞片线状披针形，长3～4mm；边缘舌状花很短。花果期10～11月。

应用价值： 加拿大一枝黄花的危害主要表现在对本地生态平衡的破坏和对本地生物多样性的威胁。

生境特点： 主要生长在河滩、荒地、公路两旁、农田边。

PLANT 186 蒲公英 *Taraxacum mongolicum* Hand.-Mazz.
菊科蒲公英属

形态特征： 多年生草本。高10～25cm。根圆锥状，表面棕褐色，皱缩。叶边缘有时具波状齿或羽状深裂，基部渐狭成叶柄，叶柄及主脉常带红紫色，花葶上部紫红色，密被蛛丝状白色长柔毛；头状花序，总苞钟状。瘦果暗褐色，长冠毛白色。花果期4～10月。

应用价值： 全草供药用，有清热解毒、消肿散结的功效。

生境特点： 生于中、低海拔地区的山坡草地、路边、田野、河滩。

PLANT 187 水烛 *Typha angustifolia* Linn.
香蒲科香蒲属

形态特征： 多年生水生或沼生草本。高1.5～2.5m，植株高大。根状茎乳黄色、灰黄色，先端白色。地上茎直立，粗壮。叶片较长，上部扁平，中部以下腹面微凹，背面向下逐渐隆起呈凸形，下部横切面呈半圆形，细胞间隙大，呈海绵状；叶鞘抱茎。雄花序轴具褐色扁柔毛，单出，或分叉；孕性雌花柱头窄条形或披针形。小坚果长椭圆形。种子深褐色。花果期6～9月。

应用价值： 野生蔬菜，其假茎白嫩部分（即蒲菜）和地下匍匐茎尖端的幼嫩部分（即草芽）可以食用，味道清爽可口。花粉入药，称"蒲黄"，可填床枕。花序可作切花或干花。水烛是中国传统的水景花卉，用于美化水面和湿地。水烛的叶片可作编织材料；茎叶纤维可造纸。

生境特点： 生于湖泊、河流、池塘浅水处。

PLANT 188 香蒲 *Typha orientalis* Presl
香蒲科香蒲属

形态特征： 多年生水生或沼生草本。高1.3~2m。根状茎乳白色。地上茎粗壮，向上渐细。叶片条形，光滑无毛，上部扁平，下部腹面微凹，背面逐渐隆起呈凸形，横切面呈半圆形，细胞间隙大，海绵状；叶鞘抱茎。雌雄花序紧密连接。小坚果椭圆形至长椭圆形，果皮具褐色斑点。种子褐色，微弯。花果期5~8月。

应用价值： 香蒲叶绿穗奇，常用于点缀园林水池、湖畔，构筑水景，宜做花境、水景背景材料，也可盆栽布置庭院。

生境特点： 生于沟边、沟塘浅水处、河边、湖边浅水中、沼泽地等。

PLANT 189 菹草 *Potamogeton crispus* Linn.
眼子菜科眼子菜属

形态特征： 多年生沉水草本。茎长20~100cm。具近圆柱形的根茎。茎扁圆形，具有分枝，近基部常匍匐地面，于节处生出疏或稍密的须根。叶披针形，先端钝圆，叶缘波状并具锯齿，具叶托，无叶柄。花序穗状顶生。果实卵形，果喙向后稍弯曲。花果期4~7月。

应用价值： 菹草是湖泊、池沼、小水景中的良好绿化材料，也是草食性鱼类的良好天然饵料。

生境特点： 生于池塘、水沟、水稻田、灌渠及缓流河水中，水体多呈微酸至中性。

草 本 植 物

PLANT 190 眼子菜

Potamogeton distinctus A. Benn.

眼子菜科眼子菜属

形态特征： 多年生水生草本。茎长50～200cm。根茎发达，白色，多分枝，常于顶端形成纺锤状休眠芽体，并在节处生有稍密的须根。茎圆柱形，通常不分枝。浮水叶革质，披针形、宽披针形至卵状披针形，叶脉多条，顶端连接；沉水叶披针形至狭披针形，草质，具柄，常早落。穗状花序顶生，具花多轮，开花时伸出水面，花后沉没水中。果实宽倒卵形，背部明显3脊，中脊锐，于果实上部明显隆起，侧脊稍钝，基部及上部各具2凸起，喙略下陷而斜伸。花果期5～10月。

应用价值： 全草药用，清热解毒、利尿、消积，可用于急性结膜炎、黄疸、水肿、白带、小儿疳积、蛔虫病；外用治痈疖肿毒。

生境特点： 生于地势低洼、长期积水、土壤黏重之地，及池沼、河流浅水处。

PLANT 191 欧洲慈姑

Sagittaria sagittifolia Linn.

泽泻科慈姑属

形态特征： 多年生沼生或水生草本。高50～100cm。根状茎匍匐，末端多少膨大呈球茎。叶沉水、浮水、挺水，沉水叶条形或叶柄状。花葶直立，挺出水面。花序总状或圆锥状，分枝少数，细弱，具花多轮，每轮2～3花，在花序下部有时花与分枝同生于一轮。花单性；外轮花被片广卵形，内轮花被片大于外轮，白色，基部具紫色斑点。瘦果斜倒卵形或广倒卵形。种子灰褐色。花果期7～9月。

应用价值： 可作为池塘边缘的装饰植物，亦可盆栽进行观赏。球茎可食，亦能入药，具清热解毒、止痛活血之功效。叶片能做饲料。

生境特点： 生长于低海拔的湖边、沼泽、水塘静水处，或缓流溪沟等水体。

PLANT 192 少花象耳草

Echinodorus parviflours Rataj
泽泻科象耳草属

形态特征： 多年生挺水草本。茎长可达100cm。沉水叶条形或披针形；挺水叶宽披针形、椭圆形至卵形，先端渐尖，稀急尖，基部宽楔形、浅心形，边缘膜质，叶脉通常5条。花两性，花梗长1~3.5cm；外轮花被片广卵形，通常具7脉，边缘膜质；内轮花被片近圆形，远大于外轮，边缘具不规则粗齿，白色、粉红色或浅紫色。瘦果椭圆形或近矩圆形。种子紫褐色，具凸起。花果期5~10月。

应用价值： 少花象耳草叶片翠绿，花朵娇小可爱，可作为水生观赏植物。

生境特点： 生于湖泊、河湾、溪流、水塘的浅水带，沼泽、沟渠及低洼湿地亦有生长。

PLANT 193 黑藻

Hydrilla verticillata (Linn. f.) Royle
水鳖科黑藻属

形态特征： 多年生沉水草本。茎长50~80cm。茎伸长，有分枝，呈圆柱形，表面具纵向细棱纹，质较脆。叶4~8枚轮生，线形或长条形，常具紫红色或黑色小斑点，先端锐尖，边缘锯齿明显。花单性，雌雄异株；雄佛焰苞近球形，绿色，表面具明显的纵棱纹，顶端具刺凸；雌佛焰苞管状，绿色，苞内雌花1朵。果实圆柱形，表面常有刺状凸起。种子2~6枚，茶褐色，两端尖。花果期5~10月。

应用价值： 该种植物适合室内水体绿化，是装饰水族箱的良好材料，常作为中景、背景草使用。全草可做猪饲料，亦可作为绿肥使用。亦能入药，具利尿祛湿之功效。

生境特点： 黑藻生长于淡水中，喜光照充足的环境，喜温暖，耐寒冷。

PLANT 194 苦草 *Vallisneria natans* (Lour.) Hara
水鳖科苦草属

形态特征： 多年生无茎沉水草本。茎长40~150cm。具匍匐茎，白色，光滑或稍粗糙，先端芽浅黄色。叶基生，线形或带形，绿色或略带紫红色，常具棕色条纹和斑点，先端圆钝，边缘全缘或具不明显的细锯齿；无叶柄；叶脉5~9条，萼片3，大小不等。花单性，雌雄异株；雄佛焰苞卵状圆锥形，每佛焰苞内含雄花200余朵或更多，成熟的雄花浮在水面开放；雌佛焰苞筒状，先端2裂，绿色或暗紫红色，梗纤细，绿色或淡红色；雌花单生于佛焰苞内。果实圆柱形。种子倒长卵形，有腺毛状凸起。花期8~10月。

应用价值： 可作药用，清热解毒、止咳祛痰、养筋和血。亦具有观赏性。还为鱼、鸭、猪等的饲料。

生境特点： 生于溪沟、河流、池塘、湖泊之中。

PLANT 195 芦竹 *Arundo donax* Linn.
禾本科芦竹属

形态特征： 多年生草本植物。高3~6m。具发达根状茎，秆粗大直立，坚韧，具多数节，常生分枝。叶鞘长于节间，无毛或颈部具长柔毛；叶舌截平，先端具短纤毛；叶片扁平，上面与边缘微粗糙，基部白色，抱茎。圆锥花序极大型，分枝稠密，斜升；背面中部以下密生长柔毛，两侧上部具短柔毛。颖果细小黑色。花果期9~12月。

应用价值： 芦竹是优质纸浆和人造丝的原料，亦可供提取化学原料，并具有药用价值。

生境特点： 喜温暖，喜水湿，耐寒性不强。生于河岸道旁、砂质壤土上。

PLANT 196 花叶芦竹
Arundo donax Linn. var. *versicolor* Stokes
禾本科芦竹属

形态特征： 多年生挺水草本观叶植物。高1.5~2m。具发达根状茎，秆粗大直立。叶片扁平，上面与边缘微粗糙，基部白色，抱茎。圆锥花序极大型，分枝稠密，斜升。颖果细小，黑色。花果期9~12月。

应用价值： 花叶芦竹茎干高大挺拔，形状似竹。早春叶色黄白条纹相间，后增加绿色条纹，盛夏新生叶则为绿色。主要作水景园林背景材料，也可点缀于桥、亭、榭四周，还可盆栽用于庭院观赏。花序亦可用作切花。

生境特点： 喜温喜光，耐湿较耐寒。常生于河旁、池沼、湖边，常大片生长形成芦苇荡。

PLANT 197 蒲苇
Cortaderia selloana (Schult. et J. H. Schult.) Aschers et Graebn.
禾本科蒲苇属

形态特征： 多年生草本。茎极狭，长约1m，宽约2cm，下垂，边缘具细齿，呈灰绿色，被短毛。叶舌为一圈密生柔毛，毛长2~4mm；叶片质硬，狭窄，簇生于秆基，长达1~3m，边缘具粗糙状锯齿。圆锥花序大，雌花穗银白色，具光泽，小穗轴节处密生绢丝状毛，小穗由2~3花组成；雄穗为宽塔形。花期9~10月。

应用价值： 蒲苇花穗长而美丽，庭院栽培壮观而雅致，或植于水边入秋赏其银白色羽状穗的圆锥花序，或在花境观赏草专类园内使用，具有优良的生态适应性和观赏价值。也可用作干花。

生境特点： 植株强健、耐寒，喜温暖湿润、阳光充足之地。

草 本 植 物

PLANT 198　狗牙根　*Cynodon dactylon* (Linn.) Pers.
禾本科狗牙根属

形态特征： 多年生低矮草本。高10~30cm。具有根状茎和匍匐枝，须根细而坚韧。匍匐茎平铺地面或埋入土中。叶鞘微具脊，叶舌仅为一轮纤毛；叶片线形，通常两面无毛。穗状花序，小穗灰绿色或带紫色，具1小花，花药淡紫色，柱头紫红色。颖果长圆柱形。花果期5~10月。

应用价值： 狗牙根根茎蔓延力很强，广铺地面，为良好的固堤保土植物，常用于铺建草坪或球场，但生长于农田中时，则为难除灭的有害杂草。根茎可喂猪，牛、马、兔、鸡等喜食其叶；还具有一定的药用价值。

生境特点： 多生长于村庄附近、道旁河岸、荒地山坡。

PLANT 199　疏花野青茅　*Deyeuxia effusiflora* Rend.
禾本科野青茅属

形态特征： 多年生草本，是野青茅的变种。植株较细弱，叶鞘无毛，叶舌长1~2mm。圆锥花序疏松开展，长10~16cm，宽（2）5~9cm，分枝平展或斜向上升，在中部以下多裸露。小穗长4.5~5mm；外稃长约3.5mm，基盘两侧的柔毛长为外稃的1/4；花药长约2mm。花果期8~10月。

应用价值： 可供饲用。

生境特点： 生长于山坡草地及路旁。

PLANT 200 知风草 *Eragrostis ferruginea* (Thunb.) Beauv.
禾本科画眉草属

形态特征： 多年生草本。高30~110cm。秆丛生或单生，直立或基部膝曲。叶鞘两侧极压扁，鞘口有毛；叶片扁平或内卷，较坚韧，背面光滑，表面粗糙，或近基部疏具长柔毛。圆锥花序，分枝单生，枝腋间无毛；小穗柄有腺体，小穗长圆形，长5~10mm。颖果棕红色，长约1.5mm。花果期8~12月。

应用价值： 具有舒筋散瘀之功效，主治跌打内伤、筋骨疼痛。

生境特点： 生于路边、山坡草地。

PLANT 201 苇状羊茅（高羊茅） *Festuca arundinacea* Schreb.
禾本科羊茅属

形态特征： 一年生或二年生草本。茎直立或斜升，高20~50cm，稀更高。叶密集，基部叶花期常枯萎，下部叶倒披针形或长圆状披针形，顶端尖或稍钝。头状花序多数，在茎端排列成总状或总状圆锥花序；总苞椭圆状卵形，花托稍平，有明显的蜂窝孔，径3~4mm；雌花多层，白色，花冠细管状，长3~3.5mm，无舌片或顶端仅有3~4个细齿；两性花淡黄色，花冠管状。瘦果线状披针形，扁压，被疏短毛。花期5~10月。

应用价值： 全草入药，治感冒、疟疾、急性关节炎及外伤出血等症。野塘蒿适应性强、繁殖力强、生长优势强，其耗水、耗肥量大。另外，野塘蒿的花呈毛絮状，也会影响人体健康。

生境特点： 常生于荒地、田边、路旁，为一种常见的杂草。

PLANT 202 白茅 *Imperata cylindrica* (Linn.) Raeuschel var. *major* (Nees) C. E. Hubb.
禾本科白茅属

形态特征： 多年生草本。秆直立，高可达80cm，节无毛。叶鞘聚集于秆基，叶舌膜质，秆生叶片窄线形，通常内卷，顶端渐尖呈刺状，下部渐窄，质硬，基部上面具柔毛。圆锥花序稠密，第一外稃卵状披针形，第二外稃与其内稃近相等，卵圆形，顶端具齿裂及纤毛；花柱细长，紫黑色。颖果椭圆形。花果期4～6月。

应用价值： 根茎可入药，治吐血、尿血、小便不利、小便热淋、反胃、热淋涩痛、急性肾炎、水肿、湿热黄疸、胃热呕吐、肺热咳嗽、气喘。

生境特点： 生于低山带平原河岸草地、农田、果园、苗圃、田边、路旁、荒坡草地、林边、疏林下、灌丛中、沟边、河边堤埂，竞争扩展能力极强。

PLANT 203 黑麦草 *Lolium perenne* Linn.
禾本科黑麦草属

形态特征： 多年生植物。高30～90cm，基部节上生根质软。叶舌长约2mm；叶片柔软，具微毛，有时具叶耳。穗状花序直立或稍弯；小穗轴平滑无毛；颖披针形，边缘狭膜质；外稃长圆形，草质，平滑，顶端无芒；两脊生短纤毛。颖果长约为宽的3倍。花果期5～7月。

应用价值： 可供饲用。亦是高尔夫球道常用草。

生境特点： 生于草甸、草场，路旁湿地常见。

PLANT 204 五节芒 *Miscanthus floridulus* (Labill.) Warb. ex K. Schumann et Lauterbach
禾本科芒属

形态特征： 多年生草本，具发达根状茎。秆高大似竹，高2~4m，无毛，节下具白粉。叶鞘无毛，鞘节具微毛；叶片披针状线形，长25~60cm，宽1.5~3cm，扁平，基部渐窄或呈圆形，顶端长渐尖，中脉粗壮隆起，两面无毛，或叶正面基部有柔毛，边缘粗糙。圆锥花序大型，稠密，长30~50cm。颖果椭圆形。花果期5~10月。

应用价值： 幼叶作饲料，秆可作造纸原料，根状茎有利尿之效。

生境特点： 生于低海拔撂荒地、丘陵潮湿谷地和山坡或草地。

PLANT 205 荻 *Miscanthus sacchariflorus* (Maxim.) Hack.
禾本科荻属

形态特征： 多年生草本。具发达被鳞片的长匍匐根状茎，节处生有粗根与幼芽。秆直立，高可达1.5m，直径约5mm，节生柔毛。叶片扁平，宽线形，边缘锯齿状粗糙，基部常收缩成柄，粗壮。圆锥花序疏展成伞房状，顶端膜质长渐尖，边缘和背部具长柔毛。颖果长圆形。花果期8~10月。

应用价值： 白居易曾描述过秋景"枫叶荻花秋瑟瑟"，荻花后期白色，能够形成良好的秋季景观。亦是优良防沙护坡植物。

生境特点： 野生于山坡、撂荒多年的农地、古河滩、固定沙丘群以及荒芜的低山孤丘上，常形成大面积的草甸，繁殖力强，耐瘠薄土壤。

PLANT 206 芒 *Miscanthus sinensis* Anderss.
禾本科芒属

形态特征： 多年生苇状草本。秆高1～2m，无毛或在花序以下疏生柔毛。叶片线形，叶背面疏生柔毛及被白粉，边缘粗糙。圆锥花序直立，延伸至花序的中部以下，节与分枝腋间具柔毛；雄蕊3枚，花药长约2～2.5mm，秽褐色，先雌蕊而成熟；柱头羽状紫褐色。颖果长圆形，暗紫色。花果期7～12月。

应用价值： 秆纤维用途较广，可作造纸原料等。

生境特点： 生于林缘或路旁等荒地上。

PLANT 207 双穗雀稗 *Paspalum distichum* Linn.
禾本科雀稗属

形态特征： 多年生杂草。匍匐茎横走、粗壮，长达1m，向上直立，节生柔毛。叶鞘短于节间，背部具脊，边缘或上部被柔毛；叶舌无毛；叶片披针形，无毛。总状花序2枚对连，长2～6cm；穗轴宽1.5～2mm；小穗倒卵状长圆形，长约3mm，顶端尖，疏生微柔毛；第一颖退化或微小；第二颖贴生柔毛，具明显的中脉；第一外稃具3～5脉，通常无毛，顶端尖；第二外稃草质，等长于小穗，黄绿色，顶端尖，被毛。花果期5～9月。

应用价值： 可作药用，活血解毒、祛风除湿，亦可作草坪草。

生境特点： 生于低海拔地区旷野、田间潮湿地、沟边。

PLANT 208 狼尾草
Pennisetum alopecuroides (Linn.) Spreng.
禾本科狼尾草属

形态特征： 多年生草本。须根较粗壮，秆直立，丛生，高30~120cm。在花序下密生柔毛。叶鞘光滑，两侧压扁，主脉成脊；叶片线形，先端长渐尖，基部生疣毛。圆锥花序直立，刚毛粗糙，淡绿色或紫色；花药顶端无毫毛；花柱基部联合。颖果长圆形。花果期夏秋季。

应用价值： 可作饲料，也是编织或造纸的原料，亦常作为土法打油的油杷子，也可作固堤防沙植物。

生境特点： 喜光照充足的生长环境，耐旱、耐湿，亦能耐半阴，且抗寒性强。

PLANT 209 虉草
Phalaris arundinacea Linn.
禾本科虉草属

形态特征： 多年生草本，有根茎。秆通常单生或少数丛生，高可达140cm，有6~8节。叶鞘无毛，下部者长于而上部者短于节间；叶舌薄膜质；叶片扁平，幼嫩时微粗糙。圆锥花序紧密狭窄，密生小穗，小穗无毛或有微毛；颖沿脊上粗糙，孕花外稃宽披针形。花果期6~8月。

应用价值： 幼嫩时为牲畜喜食的优良牧草，秆可编织用具或造纸。

生境特点： 生于林下、潮湿草地和水湿处。

草 本 植 物

PLANT 210 芦苇 *Phragmites australis* (Cav.) Trin. ex Steud.
禾本科芦苇属

形态特征： 多年生草本。高1~3m。根状茎十分发达，节下被腊粉。叶鞘下部者短于而上部者长于其节间；叶舌边缘密生一圈长约1mm的短纤毛，易脱落；叶片披针状线形，长30cm，宽2cm，无毛，顶端长渐尖成丝形。圆锥花序大型，分枝多数，着生稠密下垂的小穗。颖果长约1.5mm。浙江地区花期9~10月，果期11月。

应用价值： 可造纸，亦是建材等工业原料。其根部可入药，有利尿、解毒、清凉、镇呕、防脑炎等功能。还可调节气候，涵养水源。

生境特点： 除森林生境不生长外，各种有水源的空旷地带均可生长，常以其迅速扩展的繁殖能力，形成连片的芦苇群落。

PLANT 211 鹅观草 *Roegneria tsukushiensis* (Honda) B. R. Lu et al. var. *transiens* (Hack.) B. R. Lu et al.
禾本科鹅观草属

形态特征： 多年生草本。秆直立或基部倾斜，高30~100cm。叶鞘外侧边缘常具纤毛；叶片扁平。穗状花序长，弯曲或下垂；小穗绿色或带紫色，含3~10小花；外稃披针形，具有较宽的膜质边缘，背部以及基盘近于无毛或仅基盘两侧具有极微小的短毛，上部具明显的5脉，脉上稍粗糙，先端延伸成芒，芒粗糙，劲直或上部稍有曲折；内稃约与外稃等长，先端钝头，脊显著具翼，翼缘具有细小纤毛。花期6~7月，果期7~8月。

应用价值： 可作牲畜饲料。叶质柔软而繁盛，可食性高。

生境特点： 多生长在山坡和湿润草地。

109

PLANT 212 斑茅 *Saccharum arundinaceum* Retz.
禾本科蔗茅属

形态特征： 多年生高大丛生草本。秆粗壮，高2～4（～6）m，直径1～2cm，具多数节，无毛。叶鞘长于其节间；叶舌膜质，顶端截平；叶片宽大，线状披针形，无毛。圆锥花序大型，稠密，主轴无毛；总状花序轴节间与小穗柄细线形，黄绿色或带紫色。颖果长圆形，胚长为颖果之半。花果期8～12月。

应用价值： 饲用。秆可编席和造纸。

生境特点： 生于山坡和河岸溪涧草地。

PLANT 213 鼠尾粟 *Sporobolus fertilis* (Steud.) W. D. Clayt.
禾本科植物鼠尾粟属

形态特征： 多年生草本。高25～120cm。须根较粗壮且较长。秆直立，丛生，质坚硬，平滑无毛。叶鞘疏松裹茎，基部者较宽，平滑无毛或其边缘稀具极短的纤毛；叶舌极短，纤毛状；叶片质较硬，平滑无毛，或仅正面基部疏生柔毛，通常内卷，少数扁平，先端长渐尖，圆锥花序较紧缩，呈线形，常间断，或稠密近穗形，花药黄色，囊果成熟后红褐色。花果期3～12月。

应用价值： 全草入药，清热、凉血、解毒、利尿。

生境特点： 生于田野路边、山坡草地及山谷湿处和林下。

草 本 植 物

PLANT 214 菰（茭白） *Zizania caduciflora* (Turcz.) Hand.-Mazz.
禾本科菰属

形态特征： 多年生草本。高1~2m。具匍匐根状茎。须根粗壮。秆高大直立，具多数节，基部节上生不定根。叶鞘长于其节间，肥厚，有小横脉；叶舌膜质，顶端尖；叶片扁平宽大。圆锥花序，分枝多数簇生，上升，果期开展；雄小穗两侧压扁，着生于花序下部或分枝上部，带紫色，外稃具5脉，顶端渐尖具小尖头，内稃具3脉，中脉成脊，具毛；雌小穗圆筒形，着生于花序上部和分枝下方与主轴贴生处，外稃之5脉粗糙，芒长20~30mm，内稃具3脉。颖果圆柱形。

应用价值： 秆基嫩茎被真菌寄生后，粗大肥嫩，称茭瓜，是美味的蔬菜。颖果称菰米，作饭食用，有营养保健价值。全草为优良的饲料。为鱼类的越冬场所。也是固堤造陆的先锋植物。

生境特点： 水生或沼生，常见栽培。

PLANT 215 垂穗薹草 *Carex dimorpholepis* Steud.
莎草科薹草属

形态特征： 多年生草本。高30~60cm。根状茎缩短，木质，常具匍匐茎。叶片条形，短于或长于秆。雌花鳞片中间淡绿色。果囊椭圆状披针形，稍长于鳞片，红褐色，密生乳头状突起，顶端渐狭成短喙，喙口截形。小坚果紧包于果囊中，宽倒卵状矩圆形，平凸状。花果期4~7月。

应用价值： 带状或片状种植，形成一定规模，具有良好的景观效果，同时可吸收水中的有机物质，具有净化水质的作用。

生境特点： 生于林中、山坡、草地、沟谷水边或林下湿处，一般生于沙质草地。

PLANT 216 签草（芒尖苔草）

Carex doniana Spreng.
莎草科苔草属

形态特征： 多年生草本。根状茎短，具细长的地下匍匐茎。秆高30~70cm，较粗壮，扁锐三棱形，棱上粗糙，基部具淡褐黄色叶鞘，后期鞘的一侧膜质部分常开裂。叶稍长或近等长于秆，平展，质较柔软，叶正面具两条明显的侧脉，向上部边缘粗糙，具鞘，老叶鞘有时裂成纤维状。苞片叶状，向上部的渐狭成线形，长于小穗，不具鞘。小穗3~6个。果囊后期近水平展开，膜质，淡黄绿色，具几条不很明显的细脉，基部急缩成宽楔形或近钝圆形，顶端渐狭成较短而直的喙。小坚果稍松地包于果囊内，倒卵形，三棱状，深黄色。花果期4~10月。

应用价值： 签草姿态轻盈，花序和果序形态美观，成片种植能达到很好的覆盖效果，并且具有很高观赏性。

生境特点： 生于溪旁、潮湿地、林下。

PLANT 217 风车草（旱伞草）

Cyperus involucratus Rottb.
莎草科莎草属

形态特征： 多年生草本。茎高25~80cm。根状茎短，粗大，须根坚硬。秆稍粗壮，近圆柱状，上部稍粗糙，基部包裹以无叶的鞘，鞘棕色。叶状总苞片簇生于茎杆，呈辐射状，姿态潇洒飘逸。花两性，卵状披针形，顶端渐尖，具锈色斑点，花药顶端有刚毛状附属物。果实为小坚果，椭圆形近三棱形。花果期为8~11月。

应用价值： 可作为观赏植物。

生境特点： 广泛分布于森林、草原地区的大湖、河流边缘的沼泽中。喜温暖湿润和腐殖质丰富的黏性土壤，耐阴不耐寒，冬季温度不低于5℃。

草 本 植 物

PLANT
218 香附子 *Cyperus rotundus* Linn.
莎草科莎草属

形态特征： 多年生草本。匍匐根状茎长，具椭圆形块茎。茎秆散生，直立，有三锐棱。叶基生，窄线形，先端尖，基部的鞘棕色，常裂成纤维状，叶鞘闭合包于秆上。花序复穗状，有叶状总苞片；小穗宽线形，两侧紫红色，每鳞片有1花。叶状苞片3~5，下部的2~3片长于花序；长侧枝聚伞形花序具3~10长短不等的辐射枝，每枝有3~10个小穗；小穗条形。小坚果三棱状长圆形，暗褐色，具细点。花果期5~11月。

应用价值： 药用，疏肝解郁、理气宽中、调经止痛。

生境特点： 生长于山坡荒地草丛中或水边潮湿处。

PLANT
219 水蜈蚣 *Kyllinga brevifolia* Rottb.
莎草科飘拂草属

形态特征： 多年生草本，丛生。全株光滑无毛，鲜时有如菖蒲的香气。根状茎柔弱，匍匐平卧于地下，形似蜈蚣，节多数，节下生须根多数，每节上有一小苗。秆成列散生，纤弱，高7~20cm，扁三棱形，平滑。叶柔弱，短于或稍长于秆，宽2~4mm，平展，上部边缘和背面中肋上具细刺。叶状苞片3枚，极展开，后期常向下反折；穗状花序单个，极少2或3个，球形或卵球形。小坚果倒卵状长圆形，扁双凸状，长约为鳞片的1/2，表面具密的细点。花果期5~9月。

应用价值： 药用，治感冒风寒、寒热头痛、筋骨疼痛等。

生境特点： 生长于水边、路旁、水田及旷野湿地。

113

PLANT 220 水毛花

Schoenoplectus mucronatus (Linn.) Palla ssp. *robustus* (Miq.) T. Koyama
莎草科蔗草属

形态特征： 多年生草本。高50～120cm。根茎粗短，无匍匐根状茎，有细长须根。秆丛生，较粗壮，锐三棱形，基部有2叶鞘，鞘棕色，无叶片。小穗聚集成头状，假侧生，卵形、长圆状卵形、圆筒形或披针形，顶端钝圆或近于急尖，有多数花；鳞片长圆状卵形，顶端急缩成短尖，近于革质，淡棕色，具红棕色短条纹，背面具1条脉；花药线形。小坚果宽倒卵形，熟时棕黑色，有光泽，具不明显的皱纹。花果期5～9月。

应用价值： 秆可作蒲包的材料。茎纤维质量很好，可造纸。

生境特点： 生于河岸湿地、草甸或沼泽。

PLANT 221 水葱

Schoenoplectus tabernaemontani (Gmel.) Palla
莎草科蔗草属

形态特征： 多年生挺水草本。匍匐根状茎粗壮，具许多须根。秆高1～2m，圆柱状，平滑，基部具3～4个叶鞘，叶鞘管状，膜质，最上面一个叶鞘具叶片。叶片线形；苞片1枚，为秆的延长，直立，钻状，常短于花序。聚伞花序，具多数花；鳞片椭圆形或宽卵形，顶端稍凹，膜质，花药线形，药隔突出。小坚果倒卵形或椭圆形，双凸状，少有三棱形。花果期6～9月。

应用价值： 对污水中有机物、氨氮、磷酸盐及重金属有较高的除去率。具观赏作用。

生境特点： 生长在湖边、水边、浅水塘、沼泽地或湿地草丛中。

PLANT 222 菖蒲 *Acorus calamus* Linn.
天南星科菖蒲属

形态特征： 多年生草本。高0.4~1m。根茎横走，稍扁，分枝，外皮黄褐色，芳香，肉质根多数，具毛发状须根。叶基生，剑状线形，基部宽，对褶，中部以上渐狭，草质，绿色，光亮；中肋在两面均明显隆起，平行，纤弱，大都伸延至叶尖。花序柄三棱形，叶状佛焰苞剑状线形；肉穗花序斜向上或近直立，狭锥状圆柱形；花黄绿色。浆果长圆形，红色。花果期6~9月。

应用价值： 具有观赏价值。全株芳香，可作香料或可驱蚊虫。茎、叶可入药。

生境特点： 生于水边、沼泽湿地或湖泊浮岛上，也常见栽培。

PLANT 223 石菖蒲 *Acorus tatarinowii* Schott
天南星科菖蒲属

形态特征： 多年生草本。高0.4~1m。根茎芳香，外部淡褐色，根肉质，具多数须根，根茎上部分枝甚密，植株因而成丛生状，分枝常被纤维状宿存叶基。叶无柄，叶片薄，基部两侧膜质叶鞘宽可达5mm，上延抵达叶片中部，渐狭，脱落；叶片暗绿色，线形，基部对折，中部以上平展，平行脉多数，稍隆起。花序柄腋生，三棱形；叶状佛焰苞为肉穗花序长的2~5倍或更长，稀近等长；肉穗花序圆柱状，上部渐尖，直立或稍弯；花白色。幼果绿色，成熟时黄绿色或黄白色。花果期2~6月。

应用价值： 石菖蒲常绿而具光泽，性强健，能适应湿润，特别是较阴的条件，宜在较密的林下作地被植物，也可种植于水边，根系有很强的固土作用。

生境特点： 多生在山涧水石空隙中或山沟流水砾石间（有时为挺水生长）。

PLANT 224 大藻 *Pistia stratiotes* Linn.
天南星科大藻属

形态特征： 多年生浮水草本，为天南星科大藻属的唯一物种。俗名水白菜、水莲花或是大叶莲。高20～60cm。根须发达呈羽状，垂悬于水中。主茎短缩而叶簇生于其上呈莲座状，从叶腋间向四周分出匍匐茎，茎顶端发出新植株，有白色成束的须根。叶簇生，叶片倒卵状楔形，顶端钝圆而微呈波状，两面都有白色细毛。花序生叶腋间，有短的总花梗，佛焰苞白色，背面生毛。果为浆果，内含种子。花果期夏秋季。

应用价值： 饲用。药用，可治风湿水肿、风疹、皮肤湿疹。

生境特点： 喜高温高湿，不耐寒，怕干旱，稍耐阴，多生于河流、湖泊、池塘、水渠等水质肥沃的静水或缓流的水面中。

PLANT 225 凤眼莲 *Eichhornia crassipes* (Mart.) Solms
雨久花科凤眼蓝属

形态特征： 多年生浮水草本。高30～60cm。须根发达，棕黑色。茎极短，匍匐枝淡绿色或带紫色，与母株分离后长成新植物。叶在基部丛生，莲座状排列；叶片圆形，表面深绿色。花葶多棱；穗状花序通常具9～12朵花；花瓣紫蓝色，卵形、长圆形或倒卵形，花冠略两侧对称，四周淡紫红色，中间蓝色，在蓝色的中央有1黄色圆斑；花被片基部合生成筒。花期7～10月。

应用价值： 全草为家畜、家禽饲料。嫩叶及叶柄可作蔬菜。全株也可供药用，有清凉解毒、除湿祛风热，以及外敷热疮等功效。

生境特点： 生于低海拔的水塘、沟渠及稻田中。

PLANT 226 梭鱼草（海寿花）

Pontederia cordata Linn.
雨久花科梭鱼草属

形态特征： 多年生挺水或湿生草本植物。根茎为须状不定根，长15~30cm，具多数根毛。地下茎粗壮，黄褐色，有芽眼，株高80~150cm。圆筒形叶柄呈绿色，叶片较大，深绿色，表面光滑，叶形多变，但多为倒卵状披针形。花葶直立，通常高出叶面，穗状花序顶生，每条穗上密密地簇拥着几十至上百朵蓝紫色圆形小花，上方两花瓣各有两个黄绿色斑点，质地半透明。果实初期绿色，成熟后褐色；果皮坚硬，种子椭圆形。花果期5~10月。

应用价值： 梭鱼草叶色翠绿，花色迷人，花期较长，串串紫花在翠绿叶片的映衬下，别有一番情趣，可用于园林湿地、水边、池塘绿化，也可盆栽观赏。

生境特点： 喜温、喜阳、喜肥、喜湿、怕风不耐寒，静水及水流缓慢的水域中均可生长，适宜在20cm以下的浅水中生长。

PLANT 227 野灯心草

Juncus setchuensis Buch.
灯心草科灯心草属

形态特征： 多年生草本。高25~65cm。根状茎短而横走，具黄褐色稍粗的须根。茎丛生，直立，圆柱形，有较深而明显的纵沟，茎内充满白色髓心。叶全部为低出叶，呈鞘状或鳞片状，包围在茎的基部，基部红褐色至棕褐色；叶片退化为刺芒状。聚伞花序假侧生；花多朵排列紧密或疏散，淡绿色。蒴果通常卵形，比花被片长，顶端钝，成熟时黄褐色至棕褐色。种子斜倒卵形，棕褐色。花期5~7月，果期6~9月。

应用价值： 茎髓可作药用，利尿通淋、泄热安神，用于小便不利、热淋、水肿、小便涩痛、心烦失眠、鼻衄、目赤、齿痛、血崩。

生境特点： 生于山沟、林下阴湿地、溪旁、道旁的浅水处。

PLANT 228 薤白（小根蒜）

Allium macrostemon Bunge
百合科葱属

形态特征： 多年生草本。高可达70cm。基部常具小鳞茎（易脱落），鳞茎近球状，外皮带黑色，纸质或膜质，不破裂。叶半圆柱状，或因背部纵棱发达而为三棱状半圆柱形，中空，上面具沟槽。花葶圆柱状，高30～70cm，1/4～1/3被叶鞘；总苞2裂，比花序短；伞形花序半球状至球状，具多而密集的花，或间具珠芽或有时全为珠芽；子房近球状，腹缝线基部具有帘的凹陷蜜穴。花柱伸出花被外。花果期5～7月。

应用价值： 鳞茎作药用，也可作蔬菜食用，在少数地区已有栽培。

生境特点： 生于山坡、丘陵、山谷、干草地、荒地、林缘、草甸以及田间。

PLANT 229 黄菖蒲

Iris pseudacorus Linn.
鸢尾科鸢尾属

形态特征： 多年生湿生或挺水宿根草本。植株高大，高可达140cm，根茎短粗。叶子茂密，基生，绿色，长剑形，长60～100cm，中肋明显，并具横向网状脉。花茎稍高出于叶，垂瓣上部长椭圆形，基部近等宽，具褐色斑纹或无，旗瓣淡黄色，花径8cm。蒴果长形，内有种子多数。种子褐色，有棱角。花期5～6月。果期6～8月。

应用价值： 黄菖蒲适应性强，叶丛、花朵特别茂密，是非常适合在水边生长的一种花卉。无论配置在湖畔，还是在池边，其展示的水景景观，都具有诗情画意。还有一定的药用价值。

生境特点： 喜温暖、湿润和阳光充足环境。耐寒、稍耐干旱和半阴。

草 本 植 物

PLANT 230 靓黄美人蕉
Canna indica var. flava Roxb.
美人蕉科美人蕉属

形态特征： 多年生挺水草本。它是美人蕉的变种，与大花美人蕉、美人蕉比较接近，但是叶型差异较大，大花美人蕉的叶片较宽，可达20cm，美人蕉的叶宽也可达15cm，而靓黄美人蕉叶片宽约10cm，花色也有区别。全株绿色无毛，被蜡质白粉。具块状根茎。地上枝丛生。单叶互生，具鞘状的叶柄，叶片卵状长圆形。总状花序，花单生或对生；萼片3，绿白色；花冠、退化雄蕊杏黄色，与正种美人蕉不同；唇瓣披针形，弯曲。蒴果长卵形，绿色。花果期3～12月。

应用价值： 靓黄美人蕉花大色艳，株形好，长势良好，观赏价值很高。

生境特点： 适应性强，几乎不择土壤，具一定耐寒力。

PLANT 231 再力花
Thalia dealbata Fras.
竹芋科再力花属

形态特征： 多年生挺水草本。高1.0～2.5m。全株附有白粉。叶卵状披针形，浅灰蓝色，边缘紫色，长50cm，宽25cm。复总状花序，花小，紫堇色；花柄可高达2m以上，细长的花茎可高达3m，茎端开出紫色花朵，像系在钓竿上的鱼饵，形状非常特殊。花果期4～10月。

应用价值： 再力花有美丽的外表，其叶、花有很高的观赏价值，植株一年有三分之二以上的时间翠绿而充满生机，花期长，花和花茎形态优雅飘逸。除供观赏外，再力花还有净化水质的作用，常成片种植于水池或湿地。

生境特点： 喜温暖水湿、阳光充足的气候环境，不耐寒。

浙江滨江植物
300 种图谱

02

藤本植物

PLANT 232 海金沙

Lygodium japonicum (Thunb.) Sw.
海金沙科海金沙属

形态特征： 多年生草质藤本。根状茎横走，生黑褐色有节的毛；根须状，黑褐色，坚韧，亦被毛。叶多数，对生于茎上的短枝两侧，二回羽状，孢子叶卵状三角形，多收缩而呈深撕裂状。夏末，小羽片下面边缘生流苏状的孢子囊穗，黑褐色，孢子表面有小疣。果期9~10月。

应用价值： 海金沙生命力极其顽强，能够盘树木缠绕、攀石穿缝，生长旺盛，攀缘高达4m，为了水利安全，应当尽量清除，防止缠绕茎攀附水边一些植物或物体，造成一定的水利危害。

生境特点： 生于林中或溪边灌丛中。

PLANT 233 葎草（拉拉秧）

Humulus scandens (Lour.) Merr.
桑科葎草属

形态特征： 多年生攀缘草本。茎、枝、叶柄均具倒钩刺。叶片纸质，肾状五角形，掌状，基部心脏形，表面粗糙，背面有柔毛和黄色腺体，裂片卵状三角形，边缘具锯齿。雄花小，黄绿色，圆锥花序，雌花序球果状，苞片纸质，三角形，子房为苞片包围。瘦果成熟时露出苞片外。花期春夏，果期秋季。

应用价值： 葎草适应能力非常强，适生幅度特别宽；喜欢生长于肥土上，但贫瘠之处也能生长，只是肥沃土地上生长更加旺盛。本草可作药用，茎皮纤维可作造纸原料，种子油可制肥皂。

生境特点： 常生于沟边、荒地、废墟、林缘边，适应能力非常强。

藤本植物

PLANT 234 何首乌 *Fallopia multiflora* (Thunb.) Harald.
蓼科蓼族何首乌属

形态特征： 多年生草质藤本。块根肥厚，长椭圆形，黑褐色。茎缠绕，多分枝，具纵棱，无毛，微粗糙，下部木质化。叶卵形或长卵形，顶端渐尖，基部心形或近心形，两面粗糙，边缘全缘；叶柄长1.5～3cm；托叶鞘膜质，偏斜，无毛。花序圆锥状，顶生或腋生，分枝开展，具细纵棱，沿棱密被小突起；苞片三角状卵形，具小突起，顶端尖，每苞内具2～4花；花梗细弱，下部具关节，果时延长；花被5深裂，白色或淡绿色，花被片椭圆形，大小不相等，花被果时外形近圆形；雄蕊8，花丝下部较宽；花柱3，极短，柱头头状。瘦果卵形，黑褐色，有光泽，包于宿存花被内。花期8～9月，果期9～10月。

应用价值： 入药可安神、养血、乌须发、补肝肾，是常见名贵中药材。

生境特点： 生于山谷灌丛、山坡林下、沟边石隙。

PLANT 235 杠板归 *Polygonum perfoliatum* Linn.
蓼科扁蓄蓼属

形态特征： 一年生攀缘草本。茎略呈方柱形，表面紫红色或紫棕色，棱角上有倒生钩刺，节略膨大，黄白色，有髓或中空。叶互生，有长柄，盾状着生；叶片灰绿色至红棕色，叶背面叶脉和叶柄均有倒生钩刺；托叶鞘包于茎节上或脱落。短穗状花序顶生或生于上部叶腋，苞片圆形，花小，多萎缩或脱落。花期6～8月，果期7～10月。

应用价值： 杠板归茎上有倒钩刺，会对人造成一定的伤害。可作药用，清热解毒、利水消肿、止咳。

生境特点： 常生于山谷、灌木丛中或水沟旁。

PLANT 236　三籽两型豆　*Amphicarpaea edgeworthii* Benth.
豆科两型豆属

形态特征： 一年生缠绕草本。体被侧生淡褐色粗毛。小叶菱状卵形或卵形，先端钝或锐，基部圆形或略宽楔形，侧生小叶偏卵形；托叶狭卵形，长3～4mm，具数脉，宿存。总状花序，花淡紫色或白色，旗瓣倒卵形。荚果扁平，镰刀状，先端有短尖，表面有黑褐色网状，沿腹缝线有长硬毛，含3枚种子。种子长圆肾形，扁平，红棕色，有黑色斑纹。花期7～9月，果期9～11月。

应用价值： 可饲用。亦可药用，消肿止痛、清热利湿。

生境特点： 对土壤的适应性广泛，从砂土到黏壤土上均可以栽培，以近海边而稍含石灰质的砂壤土最为适宜。

PLANT 237　土圞儿　*Apios fortunei* Maxim.
豆科土圞儿属

形态特征： 多年生缠绕草本。有球状或卵状块根。茎细长，被白色稀疏短硬毛。奇数羽状复叶；小叶3～7，卵形或菱状卵形，长3～7.5cm，宽1.5～4cm，先端急尖，有短尖头，基部宽楔形或圆形，正面被极稀疏的短柔毛，背面近于无毛，脉上有疏毛；小叶柄有时有毛。总状花序腋生，长6～26cm；苞片和小苞片线形，被短毛；花带黄绿色或淡绿色；子房有疏短毛，花柱卷曲。荚果长约8cm，宽约6mm。花期6～8月，果期9～10月。

应用价值： 块根含淀粉，味甜可食，可提制淀粉或作酿酒原料。可作药用，清热解毒、化痰止咳。

生境特点： 通常生于低海拔山坡灌丛中，缠绕在树上。

藤 本 植 物

PLANT 238 野大豆 *Glycine soja* Sieb. et Zucc.
豆科大豆属

形态特征： 一年生缠绕草本植物。茎、小枝纤细。托叶片卵状披针形，顶生小叶卵圆形或卵状披针形，两面均被绢状的糙伏毛，侧生小叶斜卵状披针形。总状花序通常短，花小，花梗密生黄色长硬毛；苞片披针形；花萼钟状，裂片三角状披针形，花冠淡红紫色或白色，旗瓣近圆形。荚果长圆形，稍弯，两侧稍扁。种子间稍缢缩，椭圆形，稍扁。花期7~8月，果期8~10月。

应用价值： 野大豆适应性极强，在中国的大部分地区都有分布，虽然植物种质比较重要，但是野大豆多缠绕于挺水植物（如芦苇、香蒲）或小灌木上，对水利安全不利。

生境特点： 生于低海拔潮湿的田边、园边、沟旁、河岸、湖边、沼泽、草甸、沿海和岛屿向阳的矮灌木丛或芦苇丛中，稀见于沿河岸疏林下。

PLANT 239 乌蔹莓 *Cayratia japonica* (Thunb.) Gagnep.
葡萄科乌蔹莓属

形态特征： 多年生草质藤本。小枝圆柱形，有纵棱纹，无毛或微被疏柔毛。卷须2~3叉分枝，相隔2节间断与叶对生。叶为鸟足状5小叶，中央小叶长椭圆形或椭圆状披针形，顶端急尖或渐尖，基部楔形；侧生小叶椭圆形或长椭圆形，顶端急尖或圆形，基部楔形或近圆形，边缘每侧有6~15个锯齿，叶正面绿色，无毛，背面浅绿色，无毛或微被毛，无柄或有短柄，无毛或微被毛，托叶早落。花序腋生，复二歧聚伞花序。果实近球形，直径约1cm，有种子2~4枚。花期5月，果期8~11月。

应用价值： 乌蔹莓可以攀附大树，缠绕其他草本植物，会破坏景观。

生境特点： 喜光耐半阴，好湿耐旱，不甚耐寒。生长于山谷林中或山坡灌丛。

PLANT 240 萝藦 *Metaplexis japonica* (Thunb.) Makino
萝藦科萝藦属

形态特征： 多年生草质缠绕藤本。根细长，绳索状，黄白色，具横纹。茎长约2m，平滑。单叶对生，卵状心形或长心形。总状花序，花淡紫色，花柱延长成一喙部，伸出于花药之外。果实长7~10cm，宽2~3cm，表面有瘤状突起，长卵形或卵状披针形。种子卵圆形，顶端有白色长绢毛。花期7~8月，果期8~9月。

应用价值： 全株可药用，果可治劳伤、虚弱等；根可治跌打、蛇咬等；茎叶可治小儿疳积、疔肿；种毛可止血；乳汁可除瘊子。茎皮纤维坚韧，可造人造棉。

生境特点： 生长于林边荒地、山脚、河边、路旁灌木丛中。

PLANT 241 菟丝子 *Cuscuta chinensis* Lam.
旋花科菟丝子属

形态特征： 一年生寄生草质藤本。茎缠绕，黄色，纤细，无叶。花序侧生，少花或多花簇生成小伞形或小团伞花序；苞片及小苞片小，鳞片状；花梗稍粗壮；花萼杯状，中部以下连合，裂片三角状；花冠白色。花期7~9月，果期8~10月。

应用价值： 种子药用，有补肝肾、益精壮阳，和止泻的功能。

生境特点： 生于田边、山坡阳处、路边灌丛或海边沙丘，通常寄生于豆科、菊科、蒺藜科等植物上。

PLANT 242 金灯藤 *Cuscuta japonica* Choisy
旋花科菟丝子属

形态特征： 一年生寄生草质藤本。茎较粗壮，肉质，多分枝，无叶。花无柄或几无柄，形成穗状花序；苞片及小苞片鳞片状；花萼碗状，肉质；花冠钟状，淡红色或绿白色；子房球状，平滑，无毛。蒴果卵圆形，近基部周裂。种子1~2枚，光滑，褐色。花期8月，果期9月。

应用价值： 金灯藤为寄生植物，会对木本植物造成危害。可作药用，清热、凉血、利水、解毒。

生境特点： 生于田边、荒地、灌丛中，寄生于草本植物上。

PLANT 243 瘤梗甘薯 *Ipomoea lacunosa* Linn.
旋花科虎掌藤属

形态特征： 一年生草质藤本植物。茎缠绕，多分枝，茎被稀疏的疣基毛。叶互生，卵形至宽卵形，长2~6cm，宽2~5cm，全缘，基部心形，先端具尾状尖，叶正面粗糙，背面光滑；叶柄无毛或有时具小疣。花序腋生，花序梗无毛但具明显棱，具瘤状突起；花冠漏斗状，无毛，白色、淡红色或淡紫红色。花果期5~10月。

应用价值： 具有一定观赏作用。

生境特点： 常生于草坡灌丛、空旷地和江边沙滩上。

PLANT 244 橙红茑萝 *Quamoclit hederifolia* (Linn.) G. Don
旋花科茑萝属

形态特征： 一年生草质藤本。茎缠绕，平滑，无毛。叶心形，长3～5cm，宽2.5～4cm，骤尖，全缘，或边缘为多角形，或有时多角状深裂，叶脉掌状；叶柄细弱，几与叶片等长。聚伞花序腋生，有花3～6朵；花冠高脚碟状，橙红色，喉部带黄色；雄蕊5，显露于花冠之外，稍不等长，花丝丝状，基部肿大，有小鳞毛，花药小；雌蕊稍长于雄蕊。蒴果小，球形，长约5mm，种子卵圆形或球形。花期6～8月下旬，果熟期8～10月。

应用价值： 橙红茑萝攀缘直上，用于绿化有背景的环境，如棚架、篱笆等，还可盆栽，放在阳台上牵引攀缘，造型成小花架。还可作地被花卉，随其爬覆地面，遮挡不雅之物。

生境特点： 喜微潮的土壤环境，稍耐旱，喜日光充足的环境，不耐阴，喜温暖，不耐寒。

PLANT 245 茑萝 *Quamoclit pennata* (Desr.) Boj.
旋花科茑萝属

形态特征： 一年生草质藤本。单叶互生，卵形或长圆形，羽状深裂，裂片线形，细长如丝。聚伞花序腋生，着花数朵，花从叶腋下生出，花梗长约寸余，上着数朵五角星状小花，鲜红色。茑萝清晨开花，太阳落山后，花瓣便向里卷起，成苞状。蒴果卵圆形，果熟期不一致。种子黑色，卵状长圆形，有棕色细毛。花果期7～10月。

应用价值： 茑萝蔓生茎细长光滑，长可达4～5m，柔软，极富攀缘性，花叶俱美，是理想的绿篱植物。

生境特点： 喜光，喜温暖湿润环境，不耐寒，喜土壤肥沃。

藤 本 植 物

PLANT 246 白英 *Solanum lyratum* Thunb.
茄科茄属

形态特征： 一年生草质藤本。茎及小枝均密被具节长柔毛。叶互生，多数为琴形，两面均被白色发亮的长柔毛，中脉明显，侧脉在背面较清晰。聚伞花序顶生或腋外生，疏花，总花梗被具节的长柔毛，花冠蓝紫色或白色。浆果球状，成熟时红黑色。花期夏秋，果熟期秋末。

应用价值： 全草及根入药，具有清热利湿、解毒消肿、抗癌等功效。

生境特点： 喜生于山谷草地或路旁、田边。

PLANT 247 东南茜草 *Rubia argyi* (Lévl. et Vant) Hara ex Lauener et D. K. Ferguson
茜草科茜草属

形态特征： 多年生草质藤本。茎、枝均有4直棱，或4狭翅，棱上有倒生钩状皮刺，无毛。叶4片轮生，茎生的偶有6片轮生，通常一对较大，另一对较小；叶片纸质，心形至阔卵状心形，有时近圆心形，顶端短尖或骤尖，基部心形，极少近浑圆，边缘和叶背面的基出脉上通常有短皮刺，两面粗糙，或兼有柔毛；叶柄上有直棱，棱上生许多皮刺。聚伞花序分枝成圆锥花序式，顶生和小枝上部腋生，有时结成顶生、带叶的大型圆锥花序；花序梗和总轴均有4直棱，棱上通常有小皮刺，多少被柔毛或有时近无毛；花冠白色，干时变黑，质地稍厚。浆果近球形，成熟时黑色。花期8～9月，果期10～11月。

应用价值： 根及根状茎入药，用于治疗吐血、衄血、崩漏下血、外伤出血、经闭瘀阻、关节痹痛、跌打肿痛。

生境特点： 常生林缘、灌丛或村边园篱等处。

129

PLANT 248 盒子草 *Actinostemma tenerum* Griff.
葫芦科盒子草属

形态特征： 一年生柔弱草本。枝纤细，疏被长柔毛，后变无毛。叶形变异大，心状戟形、心状狭卵形或披针状三角形。雄花总状，有时圆锥状；花序轴细弱，被短柔毛；苞片线形；花萼裂片线状披针形；花冠裂片披针形；雌花单生，双生或雌雄同序，花萼和花冠同雄花，子房卵状。果实绿色，卵形、阔卵形、长圆状椭圆形。种子表面有不规则雕纹。花期7~9月，果期9~11月。

应用价值： 种子及全草药用，有利尿消肿、清热解毒、去湿之效。种子含油，可制肥皂，油饼可做肥料及猪饲料。

生境特点： 生长于山坡阴湿处、水边草丛中。

PLANT 249 千里光 *Senecio scandens* Buch.-Ham. ex D. Don
菊科千里光属

形态特征： 多年生草质藤本。根状茎木质。茎伸长，弯曲，长2~5m，多分枝，被柔毛或无毛，老时变木质，皮淡色。叶具柄，叶片卵状披针形至长三角形，顶端渐尖，基部宽楔形、截形、戟形，稀心形，通常具浅或深齿，稀全缘，两面被短柔毛至无毛；羽状脉明显；叶柄具柔毛或近无毛；上部叶变小，披针形或线状披针形，长渐尖。头状花序有舌状花，多数，花冠黄色。瘦果圆柱形，被柔毛。花期10月到翌年3月，果期2~5月。

应用价值： 可作药用，清热解毒、凉血消肿、清肝明目。用于治疗目赤红肿、伤寒、痢疾、风热咳喘、泄泻、时行感冒、湿疹、过敏性皮炎、痔疮。

生境特点： 常生长在森林、灌丛中，攀缘于灌木、岩石上。

藤 本 植 物

PLANT 250 小果蔷薇（小金樱）

Rosa cymosa Tratt.
蔷薇科蔷薇属

形态特征： 落叶木质藤本，高2~5m。小枝圆柱形，无毛或稍有柔毛，有钩状皮刺。小叶3~5，叶片卵状披针形或椭圆形，先端渐尖，基部近圆形，边缘有紧贴或尖锐细锯齿，两面均无毛，叶正面亮绿色，背面颜色较淡，中脉突起，沿脉有稀疏长柔毛。花多朵成复伞房花序，花瓣白色，倒卵形。果球形，红色至黑褐色，萼片脱落。花期5~6月，果期7~11月。

应用价值： 饲用。药用，可消肿止痛、祛风除湿、止血解毒、补脾固涩。

生境特点： 多生于向阳山坡、路旁、溪边或丘陵地。

PLANT 251 雀梅藤

Sageretia thea (Osbeck) Johnst.
鼠李科雀梅藤属

形态特征： 藤状或直立灌木。高达1.5m。小枝具刺，互生或近对生，褐色，被短柔毛。叶纸质，近对生或互生，通常椭圆形、矩圆形或卵状椭圆形，顶端锐尖、钝或圆形，基部圆形或近心形，边缘具细锯齿，叶正面绿色，无毛，背面浅绿色，无毛或沿脉被柔毛；叶柄被短柔毛。花无梗，黄色，有芳香，通常2至数个簇生排成顶生或腋生疏散穗状或圆锥状穗状花序。核果近圆球形，直径约5mm，成熟时黑色或紫黑色，具1~3分核，味酸。种子扁平，二端微凹。花期7~11月，果期翌年3~5月。

应用价值： 食用，叶可代茶，果酸味甜可食。药用，叶可治疮疡肿毒；根可治咳嗽，降气化痰。园林绿化，在中国南方常栽培作绿篱，其叶秀花繁，适用于园林建筑中。另外，还适宜制作盆果。

生境特点： 常生于丘陵、山地林下或灌丛中。

PLANT 252 忍冬

Lonicera japonica Thunb.
忍冬科忍冬属

形态特征： 多年生半常绿木质藤本。高0.3~1m。幼枝红褐色，密被黄褐色开展的硬直糙毛、腺毛和短柔毛，下部常无毛。叶纸质，卵形至矩圆状卵形。总花梗通常单生于小枝上部叶腋；苞片大，叶状，卵形至椭圆形；花冠白色，有时基部向阳面呈微红，后变黄色。果实圆形，熟时蓝黑色，有光泽。种子卵圆形或椭圆形，褐色。花期4~6月，果熟期10~11月。

应用价值： 园林植物，可制作花廊、花架、花栏、花柱以及缠绕假山石等。药用，具有清热解毒、抗炎、补虚疗风的功效。

生境特点： 生于山坡灌丛或疏林中、乱石堆、山村村庄路旁及篱笆边。

PLANT 253 藤葡蟠 *Broussonetia kaempferi* Sieb. var. *australis* Suzuki
桑科构属

形态特征： 落叶木质藤本。树皮柔韧，多纤维。叶互生，卵形至矩圆状披针形，长7～12cm，先端渐尖，基部圆心形至微心形，两面被短柔毛，边缘有钝锯齿。花单性，雌雄异株；雄花成圆柱状柔荑花序，雌花聚集成球形的头状花序；花被片4；雄花雄蕊与花被片同数而对生；雌花子房1室，花柱侧生，丝状。聚花果干燥，直径不逾1cm。花期3～4月，果期5～7月。

应用价值： 药用，清热、止咳、利尿，用于治疗砂淋、石淋及肺热咳嗽。

生境特点： 多生于山坡和沟谷丛林或岩石边。

PLANT 254 木防己 *Cocculus orbiculatus* (Linn.) DC.
防己科木防己属

形态特征： 草质或近木质缠绕藤本。幼枝密生柔毛。叶形状多变，卵形或卵状长圆形，长3~10cm，宽2~8cm，全缘或微波状，有时3裂，基部圆或近截形，顶端渐尖、钝或微缺，有小短尖头，两面均有柔毛。聚伞花序少花，腋生，或多花排成狭窄聚伞圆锥花序，顶生或腋生，被柔毛。核果近球形，红色至紫红色，径通常7~8mm；果核骨质，径约5~6mm，背部有小横肋状雕纹。花期5-6月，果期7~9月。

应用价值： 用于拱门、廊柱、山石、树干的垂直绿化；亦可作为地被植物使用。其根、茎可供药用，也能用来酿酒。

生境特点： 生于灌丛、村边、林缘等处。

PLANT 255 野蔷薇 *Rosa multiflora* Thunb.
蔷薇科蔷薇属

形态特征： 攀缘灌木。高1~2m。枝细长，上升或蔓生，有皮刺。羽状复叶；小叶片倒卵形、长圆形或卵形，先端急尖或圆钝，基部近圆形或楔形，边缘有尖锐单锯齿，稀混有重锯齿，叶正面无毛，背面有柔毛。花多朵，排成圆锥状花序；花瓣白色，宽倒卵形，先端微凹，基部楔形。蔷薇果球形至卵形，直径6mm，褐红色。花期5~7月，果期10月。

应用价值： 根、叶、花、果可入药。亦可供园林使用。

生境特点： 耐瘠薄，忌低洼积水。以肥沃、疏松的微酸性土壤为好。

PLANT 256 粉团蔷薇 *Rosa multiflora* Thunb. var. *cathayensis* Rehd. et Wils.
蔷薇科蔷薇属

形态特征： 落叶木质藤本。高1~2m。小枝圆柱形，通常无毛，有短、粗稍弯曲皮刺。小叶先端急尖或圆钝，基部近圆形或楔形，边缘有尖锐单锯齿，稀混有重锯齿，叶正面无毛，背面有柔毛。花多朵，排成圆锥状花序；花瓣粉红色，单瓣，宽倒卵形，先端微凹，基部楔形；花柱结合成束，无毛，比雄蕊稍长。果近球形，直径6~8mm，红褐色或紫褐色，有光泽，无毛，萼片脱落。花期5~6月，果期7~8月。

应用价值： 具有极高的观赏价值和园林应用潜力。

生境特点： 多生于山坡、灌丛或河边等处。

PLANT 257 高粱泡

Rubus lambertianus Ser.
蔷薇科悬钩子属

形态特征： 半落叶木质藤本、半落叶藤状灌木。高达3m。枝幼时有细柔毛或近无毛，有微弯小皮刺。单叶宽卵形，稀长圆状卵形，顶端渐尖，基部心形，叶正面疏生柔毛或沿叶脉有柔毛，背面被疏柔毛，沿叶脉毛较密，中脉上常疏生小皮刺，边缘明显3~5裂或呈波状，有细锯齿；叶柄具细柔毛或近于无毛，有稀疏小皮刺；托叶离生，线状深裂，有细柔毛或近无毛，常脱落。圆锥花序顶生，生于枝上部叶腋内的花序常近总状，有时仅数朵花簇生于叶腋；总花梗、花梗和花萼均被细柔毛；花梗长0.5~1cm；苞片与托叶相似；花直径约8mm；萼片卵状披针形，顶端渐尖，全缘，外面边缘和内面均被白色短柔毛，仅在内萼片边缘具灰白色绒毛；花瓣倒卵形，白色；雄蕊多数，稍短于花瓣，花丝宽扁；雌蕊通常无毛。果实小，近球形，由多数小核果组成，无毛，熟时红色；核较小，有明显皱纹。花期7~8月，果期9~11月。

应用价值： 果熟后可食用及酿酒。根叶供药用，有清热散瘀、止血之效，种子亦可药用。

生境特点： 生于低海拔山坡、山谷或路旁灌木丛中阴湿处或生于林缘及草坪。

藤 本 植 物

PLANT 258 茅莓 *Rubus parvifolius* Linn.
蔷薇科悬钩子属

形态特征： 落叶木质藤本。高1～2m。枝呈弓形弯曲，被柔毛和稀疏钩状皮刺。小叶3枚，在新枝上偶有5枚，菱状圆形或倒卵形，顶端圆钝或急尖，基部圆形或宽楔形，叶正面伏生疏柔毛，背面密被灰白色绒毛，边缘有不整齐粗锯齿或缺刻状粗重锯齿，常具浅裂片。伞房花序顶生或腋生，稀顶生花序成短总状，具花数朵至多朵，被柔毛和细刺；花瓣卵圆形或长圆形，粉红至紫红色，基部具爪。果实卵球形，红色，无毛或具稀疏柔毛。花期5～6月，果期7～8月。

应用价值： 果实酸甜多汁，可供食用、酿酒及制醋等。根和叶含单宁，可提取栲胶。全株入药，有止痛、活血、祛风湿及解毒之效。

生境特点： 生长于低海拔的山坡杂木林下、向阳山谷、路旁或荒野。

PLANT 259 葛藤（葛麻姆、白花银背藤）
Pueraria montana (Lour.) Merr. var. *lobata* (Willd.) Maesen et S. M. Almeida ex Sanjappa et Predeep
旋花科银背藤属

形态特征： 落叶藤本。高达3m。茎圆柱形、被短绒毛。叶互生，宽卵形，长10.5～13.5cm，宽5.5～12cm，先端锐尖或渐尖，基部圆形或微心形，叶正面无毛，背面被灰白色绒毛，侧脉多数，平行，在叶背面突起。聚伞花序腋生，总花梗短，长1～2.5cm，密被灰白色绒毛；苞片明显，卵圆形，长及宽2～3cm，外面被绒毛，内面无毛，紫色。花期7～9月，果期10～12月。

应用价值： 葛藤为一种粗壮藤本，攀缘能力极强，极易攀缘一些灌木或者乔木，聚集成一片，会阻挡水流。全株入药，有驳骨、止血生肌、收敛、清心润肺、止咳、治内伤的功效。

生境特点： 生于旷野灌丛中或山地疏林下。

PLANT 260 牯岭蛇葡萄

Ampelopsis brevipedunculata (Maxim.) Trautv. var. *kulingensis* Rehd.

葡萄科蛇葡萄属

形态特征： 落叶藤本。高0.2~0.5m。小枝、叶柄及花序均无毛，或花序近无毛。叶互生，单叶或复叶，心状五角形，不裂，或分裂不达基部，上部明显3浅裂，先端短渐尖或渐尖，侧裂片常呈尾状，尖头常向外倾，基部浅心形，缘具有牙齿，叶正面深绿色，背面淡绿色，两面无毛或下面沿脉疏生短柔毛。花两性，排成与叶对生的聚伞花序。果为小浆果，近球形。种子长椭圆形，顶端近圆形，基部有短喙。花期5~7月，果期8~9月。

应用价值： 药用，清热解毒、祛风活络、止痛、止血。

生境特点： 生于沟谷林下或山坡灌丛。

PLANT 261 异叶爬山虎 *Parthenocissus dalzielii* Gagnep.
葡萄科爬山虎属

形态特征： 落叶藤木。茎长3~5m。全株无毛，营养枝上的叶为单叶，心卵形，宽2~4cm，缘有粗齿；花果枝上的叶为具长柄的三出复叶，中间小叶倒长卵形，长5~10cm，侧生小叶斜卵形，基部极偏斜，叶缘有不明显的小齿或近全缘。聚伞花序常生于短枝端叶腋。果熟时紫黑色。花期6月，果期9-10月。

应用价值： 观赏应用，用于攀缘绿化，也可用作地被。

生境特点： 喜阴湿环境，但不怕强光，耐寒、耐旱、耐贫瘠，气候适应性广泛。

PLANT 262 鸡矢藤 *Paederia scandens* (Lour.) Merr.
茜草科鸡矢藤属

形态特征： 落叶草质藤本。茎长3~5m。基部木质，秃净或稍被微毛。叶片近膜质，卵形、椭圆形、矩圆形至披针形，先端短尖或渐尖，基部浑圆或楔尖，两面均秃净或近秃净；叶间托叶三角形，长2~5mm，脱落；叶子揉碎后有恶臭。圆锥花序腋生及顶生，扩展，分枝为蝎尾状的聚伞花序；花白紫色。小坚果无翅，浅黑色，球形，成熟时近黄色，有光泽，平滑。花期5~6月，果期冬季。

应用价值： 药用，祛风利湿、消食化积、止咳、止痛。

生境特点： 常生于溪边、河边、路边、林旁及灌木林中，常攀缘于其他植物或岩石上。

浙江滨江植物
300 种图谱

03

灌木植物

PLANT 263 小构树 *Broussonetia kazinoki* Sieb.
桑科构属

形态特征： 落叶灌木。高0.5~3m。小枝无毛。当年生枝近四棱形，枝上部叶常对生，革质，缺刻叶，有毛，倒披针形至长圆形，先端具短尖，基部楔形至宽楔形，叶正面绿色，背面白绿色，侧脉在正面较明显，与中肋成尖角，在背面不明显；叶柄长约1mm，无毛。总状花序单生，顶生或腋生，花黄色。果小，圆柱形，基部狭，外包以宿存花萼。花期夏秋季，果期秋冬季。

应用价值： 树皮纤维细长，是优质的造纸原料，也可制人造棉。果实可生食或酿酒。果及根皮药用，有补肾利尿、强筋骨的功效。乳汁可治癣疮及蛇、虫、蜂、犬等咬伤。

生境特点： 生于山坡灌丛中或次生杂木林中。

PLANT 264 苎麻 *Boehmeria nivea* (Linn.) Gaud.
荨麻科苎麻属

形态特征： 亚灌木或灌木。茎上部与叶柄均密被开展的长硬毛和近开展、贴伏的短糙毛。叶互生；叶片草质，通常圆卵形或宽卵形，少数卵形。圆锥花序腋生，或植株上部的为雌性，其下的为雄性，或同一植株的全为雌性。瘦果近球形，长约0.6mm，光滑，基部突缩成细柄。花期8~10月。

应用价值： 药用，根为利尿解热药，并有安胎作用。还具有生态作用，可保持水土、减少土壤侵蚀量等。可用于工业纺织，作织布的材料。

生境特点： 生于山谷林边或草坡。

PLANT 265 野山楂 *Crataegus cuneata* Sieb. et Zucc.
蔷薇科山楂属

形态特征： 落叶灌木。高达1.5m，分枝密，常具细刺。小枝幼时被柔毛，老枝无毛；冬芽三角状卵圆形，无毛。叶宽倒卵形至倒卵状长圆形，先端急尖，基部楔形，下延叶柄，有不规则重锯齿，先端常有3或稀5~7浅裂，叶正面无毛，背面疏被柔毛；叶柄两侧有翼，托叶草质，镰刀状，有齿。伞房花序，具5~7花，花瓣白色，近圆形或倒卵形。果近球形或扁球形，红或黄色，常有宿存反折萼片或1苞片。花期5~6月，果期9~11月。

应用价值： 可食用。亦可药用，健胃消积、收敛止血、散瘀止痛。

生境特点： 生于多石湿地或山地灌木丛中。

PLANT 266 山莓 *Rubus corchorifolius* Linn. f.
蔷薇科悬钩子属

形态特征： 直立灌木。高1~3m。枝具皮刺。单叶，卵形或卵状披针形，基部微心形。花单生或少数簇生，花萼密被柔毛，萼片卵形或三角状卵形，花瓣长圆形或椭圆形，白色，长于萼片；雄蕊、雌蕊多数。果近球形或卵圆形，成熟时红色，核具皱纹。花期2~3月，果期4~6月。

应用价值： 果可食用或酿酒。果、根及叶可入药。根皮、茎皮、叶可提取栲胶。

生境特点： 多生于向阳山坡、溪边、山谷、荒地和疏密灌丛中潮湿处。

PLANT 267 马棘 *Indigofera pseudotinctoria* Matsum.
豆科木蓝属

形态特征： 半灌木植物。高1~3m，多分枝。枝细长，幼枝灰褐色，明显有棱，被丁字毛。羽状复叶长，托叶小，狭三角形；小叶对生，椭圆形、倒卵形或倒卵状椭圆形，先端圆或微凹，有小尖头，基部阔楔形或近圆形，两面有白色丁字毛，有时叶正面毛脱落。总状花序，花开后较复叶为长，花密集；花冠淡红色或紫红色。荚果线状圆柱形，顶端渐尖，幼时密生短丁字毛，种子椭圆形。花期5~8月，果期9~10月。

应用价值： 马棘是豆科植物，根系生有根瘤，可以固氮，能够改善土壤环境。

生境特点： 生长在山坡林缘及灌木丛中。

PLANT 268 胡枝子

Lespedeza bicolor Turcz.
豆科胡枝子属

形态特征： 直立灌木。高1~3m，多分枝，小枝黄色或暗褐色，有条棱，被疏短毛；芽卵形，具数枚黄褐色鳞片。羽状复叶具3小叶；托叶2枚，线状披针形；小叶质薄，卵形、倒卵形或卵状长圆形，先端钝圆或微凹，稀稍尖，具短刺尖，基部近圆形或宽楔形，全缘，叶正面绿色，无毛，背面色淡，被疏柔毛，老时渐无毛。总状花序腋生，比叶长，常构成大型、较疏松的圆锥花序；花冠红紫色，极稀白色。荚果斜倒卵形，稍扁，密被短柔毛。花期7~9月，果期9~10月。

应用价值： 胡枝子枝叶茂盛、根系发达，可有效保持水土，减少地表径流，并且能改善土壤结构，增加地面植被覆盖率。

生境特点： 生于低海拔的山坡、林缘、路旁、灌丛及杂木林间。

PLANT 269 小蜡

Ligustrum sinense Lour.
木犀科女贞属

形态特征： 落叶灌木或小乔木。高2~4m。小枝圆柱形，幼时被淡黄色短柔毛或柔毛，老时近无毛。叶片纸质或薄革质，先端锐尖、短渐尖至渐尖，或钝而微凹，基部宽楔形至近圆形，或为楔形，叶正面深绿色，疏被短柔毛或无毛，裂片长圆状椭圆形或卵状椭圆形。圆锥花序顶生或腋生，塔形，长4~11cm，宽3~8cm；花序轴被较密淡黄色短柔毛或柔毛以至近无毛。果近球形，径5~8mm。花期3~6月，果期9~12月。

应用价值： 果实可酿酒。种子榨油供制肥皂。树皮和叶入药，具清热降火等功效，治吐血、牙痛、口疮、咽喉痛等。各地普遍栽培作绿篱。

生境特点： 生于山坡、山谷、溪边、河旁、路边的密林、疏林或混交林中。

PLANT 270 枸杞 *Lycium chinense* Mill.
茄科枸杞属

形态特征： 多分枝灌木。高0.5～1m。枝条细弱，弓状弯曲或俯垂，淡灰色，有纵条纹，生叶和花的棘刺较长，小枝顶端锐尖成棘刺状。叶纸质或栽培者质稍厚。花在长枝上单生或双生于叶腋，在短枝上则同叶簇生；花漏斗状，淡紫色。浆果红色，卵状，长7～15mm，栽培者可成长矩圆状或长椭圆状，顶端尖或钝，长可达22mm，直径5～8mm。种子扁肾脏形，长2.5～3mm，黄色。花果期6～11月。

应用价值： 药用，解热止咳。嫩叶可作蔬菜；种子油可制润滑油或食用油。由于它耐干旱，可生长在沙地，因此可作为水土保持的灌木。

生境特点： 常生于山坡、荒地、丘陵地、盐碱地、路旁及村边宅旁。

PLANT 271 蓬蘽 *Rubus hirsutus* Thunb.
蔷薇科悬钩子属

形态特征： 落叶灌木。高1～2m，茎直立，具腺毛。叶互生，边缘锯齿，有叶柄。托叶与叶柄合生，不分裂，宿存，离生，较宽大。花两性，聚伞状花序，花萼直立或反折，果时宿存；花瓣稀缺，白色或红色；雄蕊多数，心皮多数，有时仅数枚。果实为由小核果集生于花托上而成聚合果。种子下垂，种皮膜质。花期4～5月，果期6～7月。

应用价值： 全株及根可入药，能消炎解毒、清热镇惊、活血及祛风湿。

生境特点： 生于山坡路旁阴湿处或灌丛中。

PLANT 272

白马骨 *Serissa serissoides* (DC.) Druce
茜草科白马骨属

形态特征： 落叶小灌木。高达1m，枝粗壮，灰色。叶通常丛生，倒卵形或倒披针形，先端短尖，全缘，基部渐狭而成一短柄；托叶对生，基部膜质，顶有锥尖状裂片数枚。花无梗；丛生于小枝顶和近顶部的叶腋；花冠管状，白色。花期4～6月，果期9～11月。

应用价值： 根、茎、叶均可入药，味淡，微辛，舒肝解郁、清热利湿、消肿拔毒、止咳化痰。

生境特点： 生于荒地、草坪或溪旁。

PLANT 273

水竹 *Phyllostachys heteroclada* Oliver
禾本科刚竹属

形态特征： 常绿灌木。秆可高6m，粗达3cm，幼竿具白粉并疏生短柔毛；节间长达30cm，壁厚3～5mm；竿环在较粗的竿中较平坦，与箨环同高，在较细的竿中则明显隆起而高于箨环；所以具有良好的观赏价值。叶鞘除边缘外无毛；无叶耳，鞘口䍁毛直立，易断落；叶舌短；叶片披针形或线状披针形。小穗长达15mm，含3～7朵小花，上部小花不孕；小穗轴节间长1.5～2mm，棒状，无毛，顶端近于截形；花柱长约5mm，柱头3，有时2，羽毛状。笋期5月，花期4～8月。

应用价值： 水竹竹材韧性好，栽培的水竹竹竿粗直，节较平，宜编制各种生活及生产用具。笋可供食用。

生境特点： 多生于河流两岸及山谷中，为长江流域及其以南最常见的野生竹种。

灌 木 植 物

PLANT 274　小果菝葜　*Smilax davidiana* A. DC.
百合科菝葜属

形态特征： 攀缘灌木。茎长1~2m，少数可达4m。具粗短的根状茎，有疏刺。叶坚纸质，干后红褐色，通常椭圆形，先端微凸或短渐尖，基部楔形或圆形，背面淡绿色；叶柄较短有细卷须，脱落点位于近卷须上方；鞘耳状，明显比叶柄宽。伞形花序生于叶尚幼嫩的小枝上，具几朵至10余朵花，呈半球形；花序托膨大近球形；花绿黄色。浆果直径5~7mm，熟时暗红色。花期3~4月，果期10~11月。

应用价值： 药用，祛风除湿、消肿止痛。

生境特点： 生于低海拔的林下、灌丛中或山坡、路边阴湿处。

PLANT 275　土茯苓（光叶菝葜）　*Smilax glabra* Roxb
百合科菝葜属

形态特征： 多年生常绿攀缘状灌木。茎长1~4m，根茎块根状，有明显缩节，着生多数须根。茎光滑。单叶互生；革质，披针形至椭圆状极针形，先端渐尖，基部圆形，全缘，背面常被白粉。花单性，雌雄异株；伞形花序腋生，花序梗极短；花小，白色。浆果球形，直径6~8mm，熟时紫黑色。花期7~8月，果期9~10月。

应用价值： 除去须根，洗净后干燥入药，或趁鲜切成薄片后干燥入药。

生境特点： 多生于山坡或林下。

浙江滨江植物
300种图谱

04

养植木物

PLANT 276 湿地松 *Pinus elliottii* Engelm.
松科松属

形态特征： 常绿乔木。原产地高可达30m。树皮灰褐色或暗红褐色，纵裂成鳞状块片剥落；枝条每年生长3~4轮，春季生长的节间较长，夏秋生长的节间较短。针叶2~3针一束并存，刚硬，深绿色，有气孔线，边缘有锯齿；树脂道2~9（11）个，多内生。球果圆锥形或窄卵圆形，有梗，种鳞张开后径5~7cm，成熟后至翌年夏季脱落；种鳞的鳞盾近斜方形，肥厚，有锐横脊，鳞脐瘤状，先端急尖，直伸或微向上弯。种子卵圆形，微具3棱，长6mm，黑色，有灰色斑点，种翅长0.8~3.3cm，易脱落。花期3~4月，果期翌年10~11月。

应用价值： 湿地松树姿挺秀，叶荫浓，宜配植山间坡地，溪边池畔，可成丛成片栽植，亦适于庭园、草地孤植、丛植作庇荫树及背景树。作风景林和水土保持林亦甚相宜。

生境特点： 适生于低山丘陵地带，耐水湿。

PLANT 277 香樟 *Cinnamomum camphora* (Linn.) Presl
樟科樟属

形态特征： 常绿大乔木。高可达30m，直径可达3m，树冠广卵形；枝、叶及木材均有樟脑气味；树皮黄褐色，有不规则的纵裂。叶互生，卵状椭圆形，先端急尖，基部宽楔形至近圆形，边缘全缘，软骨质，有时呈微波状，叶正面绿色或黄绿色，有光泽，背面黄绿色或灰绿色，晦暗，两面无毛或背面幼时略被微柔毛，离基三出脉，有时过渡到基部具不显的5脉。幼时树皮绿色，平滑，老时渐变为黄褐色或灰褐色纵裂；冬芽卵圆形。圆锥花序腋生，具梗，花绿白或带黄色。果卵球形或近球形，紫黑色。花期4~5月，果期8~11月。

应用价值： 有很强的吸烟滞尘、涵养水源、固土防沙和美化环境的能力，香樟冠大荫浓，树姿雄伟，是城市绿化的优良树种。

生境特点： 主要生长于亚热带土壤肥沃的向阳山坡、谷地及河岸平地，也常有栽培。

PLANT 278 秃瓣杜英 *Elaeocarpus glabripetalus* Merr.
杜英科杜英属

形态特征： 常绿乔木。高可达12m。嫩枝秃净无毛，老枝圆柱形，暗褐色。叶纸质或膜质，倒披针形，先端尖锐，叶正面干后黄绿色，背面浅绿色，网脉疏，叶柄无毛，干后变黑色。总状花序常生于无叶的去年枝上，花序轴有微毛；萼片披针形，花瓣白色，花丝极短，花药顶端无附属物但有毛丛；花盘、子房被毛，花柱有微毛。核果椭圆形。花期7月。果期9~10月。

应用价值： 木材，材质洁白，纹理通直，干燥后易加工，不变形，切面光滑，美观，是家具、胶合板用材。树杆端直，冠形美观，一年四季常挂几片红叶，是优良的绿化树种，近年应用很广，苗木市场需求量大。它还是优良的香菇栽培树种，造林面积逐年扩大。

生境特点： 生于气候温暖、湿润、土层深厚肥沃、排水良好的山坡山脚。

PLANT 279 棕榈 *Trachycarpus fortunei* (Hook.) H. Wendl.
棕榈科棕榈属

形态特征： 常绿乔木。高3~10m或更高。树干圆柱形，被不易脱落的老叶柄基部和密集的网状纤维。叶片近圆形，深裂成30~50片具皱折的线状剑形裂片，裂片先端具短2裂或2齿，硬挺甚至顶端下垂。花序粗壮，多次分枝，从叶腋抽出，通常是雌雄异株；雄花黄绿色，卵球形；雌花淡绿色，通常2~3朵聚生。果实阔肾形，有脐，成熟时由黄色变为淡蓝色，有白粉。花期4月，果期12月。

应用价值： 药用，收敛止血。园林应用，列植、丛植或成片栽植。棕皮的叶鞘纤维耐拉力强，耐磨又耐腐，可用于编织蓑衣、渔网、搓绳索、制刷具、地毯及床垫等。

生境特点： 喜温暖湿润气候，喜光，耐寒性极强，稍耐阴。适生于排水良好、湿润肥沃的中性、石灰性或微酸性土壤，耐轻盐碱，也耐一定的干旱与水湿。

PLANT 280 水杉 *Metasequoia glyptostroboides* Hu et Cheng
杉科水杉属

形态特征： 落叶乔木。高达35m，胸径达2.5m，树干基部常膨大，树皮灰色、灰褐色或暗灰色，幼树裂成薄片脱落，大树裂成长条状脱落，内皮淡紫褐色。枝斜展，小枝下垂，幼树树冠尖塔形，老树树冠广圆形，枝叶稀疏；一年生枝光滑无毛，幼时绿色，后渐变成淡褐色，二三年生枝淡褐灰色或褐灰色；侧生小枝排成羽状，冬季凋落；主枝上的冬芽卵圆形或椭圆形，顶端钝，芽鳞宽卵形。叶条形，正面淡绿色，背面色较淡，沿中脉有两条较边带稍宽的淡黄色气孔带，叶在侧生小枝上列成二列，羽状，冬季与枝一同脱落。球果下垂，近四棱状球形或矩圆状球形，成熟前绿色，熟时深褐色。种子扁平，倒卵形、圆形或矩圆形，周围有翅，先端有凹缺。花期2月下旬，球果11月成熟。

应用价值： 秋叶观赏树种。可丛植、片植，用于堤岸、湖滨、池畔、庭院等绿化，也可盆栽。可供建筑、板料、造纸、制器具、造模型及室内装饰。

生境特点： 多生于山谷或山麓附近地势平缓、土层深厚、湿润或稍有积水的地方，耐寒，性强，耐水湿能力强。

PLANT 281 池杉 *Taxodium distichum* (Linn.) Rich. var. *imbricatum* (Nutt.) Croom
杉科落羽杉属

形态特征： 落叶乔木。在原产地高达25m，树干基部膨大，通常有屈膝状的呼吸根；树皮褐色，纵裂，成长条片脱落。枝条向上伸展，树冠较窄，呈尖塔形；当年生小枝绿色，细长，通常微向下弯垂，二年生小枝呈褐红色。叶钻形，微内曲，在枝上螺旋状伸展，上部微向外伸展或近直展，下部通常贴近小枝，基部下延，基部宽约1mm，向上渐窄，先端有渐尖的锐尖头，背面有棱脊，正面中脉微隆起，每边有2~4条气孔线。球果圆球形或矩圆状球形，有短梗，向下斜垂，熟时褐黄色。种子不规则三角形，微扁，红褐色。花期3~4月，球果10月成熟。

应用价值： 园林绿化树种。其木材纹理通直，结构细致，具有丝绳光泽，不翘不裂，工艺性能良好，是造船、建筑、枕木、家具的良好用材。

生境特点： 适生于深厚疏松的酸性或微酸性土壤。

PLANT 282 加杨（意杨）

Populus × canadensis Moench
杨柳科杨属

形态特征： 落叶大乔木。高超过30m，干直，树皮粗厚，深沟裂，下部暗灰色，上部褐灰色。大枝微向上斜伸，树冠卵形；萌枝及苗茎棱角明显，小枝圆柱形，稍有棱角，无毛，稀微被短柔毛。芽大，先端反曲，初为绿色，后变为褐绿色，富黏质。叶三角形或三角状卵形，长枝和萌枝叶较大，一般长大于宽，先端渐尖，基部截形或宽楔形，无或有1~2腺体，边缘半透明，有圆锯齿，近基部较疏，具短缘毛，叶正面暗绿色，背面淡绿色；叶柄侧扁而长，带红色。雌雄异株，雄株多，雌株少。花期4月，果期5~6月。

应用价值： 其木材易干燥、易加工，油漆和胶结性能良好。也可作文化用纸的纸浆。

生境特点： 在多种土壤上都能生长，在土壤肥沃、水分充足的立地条件下生长良好，有较强的耐旱能力。

PLANT 283 垂柳

Salix babylonica Linn.
杨柳科柳属

形态特征： 高大落叶乔木。分布广泛，生命力强，是常见的树种之一。小枝细长下垂，淡黄褐色。叶互生，披针形或条状披针形，长8~16cm，先端渐长尖，基部楔形，无毛或幼叶微有毛，具细锯齿，托叶披针形。柔荑花序，雄蕊2，花丝分离，花药黄色，腺体2；雌花子房无柄，腺体1。花期3~4月，果熟期4~6月。

应用价值： 垂柳是园林绿化中常用的行道树，观赏价值较高，成本低廉，深受各地绿化喜爱。其木材可供制家具。枝条可编筐。树皮含鞣质，可提制栲胶。叶可作羊饲料。

生境特点： 喜光，较耐寒，特耐水湿，喜温暖湿润气候及潮湿深厚之酸性及中性土壤。

PLANT 284 旱柳 *Salix matsudana* Koidz.
杨柳科柳属

形态特征： 落叶乔木。高达18m，胸径达80cm。大枝斜上，树冠广圆形；树皮暗灰黑色，有裂沟。枝细长，直立或斜展，浅褐黄色或带绿色，后变褐色，无毛，幼枝有毛。芽微有短柔毛。叶披针形，先端长渐尖，基部窄圆形或楔形，叶正面绿色，无毛，有光泽，背面苍白色或带白色，缘有细腺齿，幼叶有丝状柔毛；叶柄短，在上面有长柔毛；托叶披针形或缺，边缘有细腺齿。花序与叶同时开放；雄花序圆柱形，长1.5~2.5（~3）cm，粗约6~8mm；雌花序较雄花序短，长达2cm，粗4mm。花期4月，果期4~5月。

应用价值： 药用，清热除湿、消肿止痛。常用作庭荫树、行道树。

生境特点： 常生长在干旱地或水湿地。

PLANT 285 南川柳 *Salix rosthornii* Seem.
杨柳科柳属

形态特征： 落叶乔木或灌木，高1~4m。幼枝有毛，后无毛。叶披针形，椭圆状披针形或长圆形，稀椭圆形，先端渐尖，基部楔形，叶正面亮绿色，背面浅绿色，两面无毛；幼叶脉上有短柔毛，边缘有整齐的腺锯齿；叶柄长7~12mm，有短柔毛，上端或有腺点；托叶偏卵形，有腺锯齿，早落；萌枝上的托叶发达，肾形或偏心形。花与叶同时开放。蒴果卵形。花期3月下旬至4月上旬，果期5月。

应用价值： 优良的湿地观花、观叶植物。

生境特点： 常生于丘陵、平原及低山地的水旁，目前尚未由人工引种栽培。

PLANT 286 枫杨 *Pterocarya stenoptera* C. DC.
胡桃科枫杨属

形态特征： 落叶大乔木。高达30m，胸径达1m。幼树树皮平滑，浅灰色，老时则深纵裂。小枝灰色至暗褐色，具灰黄色皮孔；芽具柄，密被锈褐色盾状着生的腺体。叶多为偶数或稀奇数羽状复叶。雄性柔荑花序长约6～10cm，单独生于去年生枝条上叶痕腋内，花序轴常有稀疏的星芒状毛。雄花常具1（稀2或3）枚发育的花被片，雄蕊5～12枚。果序长20～45cm，果序轴常被有宿存的毛。果实长椭圆形，基部常有宿存的星芒状毛；果翅狭，条形或阔条形，具近于平行的脉。花期4～5月，果熟期8～9月。

应用价值： 广泛栽植作庭园树或行道树。也是速生造林树种，可涵养水源，具有较强的抵抗力及净化力。根、树皮、枝及叶均含鞣质，可提取栲胶；其纤维丰富，可用于纺织，制纤维板、胶合板、绳索等；其木材色白、质轻、易加工，可制火柴杆、农具、家具等；果实可作为饲料，还可酿酒；种子可榨油，可加工制成肥皂或润滑剂。

生境特点： 生长于沿溪涧河滩、阴湿山坡地的林中。

PLANT 287 构树 *Broussonetia papyrifera* (Linn.) L' Hér. ex Vent.
桑科构属

形态特征： 落叶乔木。高10～20m，树皮暗灰色，小枝密生柔毛。叶螺旋状排列，广卵形至长椭圆状卵形，先端渐尖，基部心形，两侧常不相等，边缘具粗锯齿，不分裂或3～5裂，小树之叶常有明显分裂，表面粗糙，疏生糙毛，背面密被绒毛，基生三出脉，侧脉6～7对；叶柄长，密被糙毛；托叶大，卵形，狭渐尖。花雌雄异株；雄花序为柔荑花序，粗壮，苞片披针形，被毛，花被4裂，裂片三角状卵形，被毛，雄蕊4，花药近球形，退化雌蕊小；雌花序球形头状，苞片棍棒状，顶端被毛，花被管状，顶端与花柱紧贴，子房卵圆形，柱头线形，被毛。聚花果直径1.5～3cm，成熟时橙红色，肉质；瘦果表面有小瘤，龙骨双层，外果皮壳质。花期4～5月，果期6～7月。

应用价值： 饲用。药用，清热、凉血、利湿、杀虫。园林绿化树种。

生境特点： 常野生或栽于村庄附近的荒地、田园及沟旁。

PLANT 288 桑 *Morus alba* Linn.
桑科桑属

形态特征： 落叶乔木。高10～20m，树皮暗灰色，小枝密生柔毛。叶螺旋状排列，广卵形至长椭圆状卵形，先端渐尖，基部心形，两侧常不相等，边缘具粗锯齿，不分裂或3～5裂，小树之叶常有明显分裂，表面粗糙，疏生糙毛，背面密被绒毛，基生叶脉三出，侧脉6～7对；叶柄密被糙毛；托叶大，卵形，狭渐尖。花雌雄异株；雄花序为柔荑花序，粗壮，苞片披针形，被毛，花被4裂，裂片三角状卵形，被毛，雄蕊4，花药近球形，退化雌蕊小；雌花序球形头状，苞片棍棒状，顶端被毛，花被管状，顶端与花柱紧贴，子房卵圆形，柱头线形，被毛。聚花果成熟时橙红色，肉质。瘦果表面有小瘤，龙骨双层，外果皮壳质。花期4～5月，果期6～7月。

应用价值： 桑叶药用，疏散风热、清肺、明目。桑木可做弓；树皮可造纸；叶为养蚕的主要饲料；木材坚硬，可制家具、乐器，或作雕刻材料等。桑树也是良好的绿化及经济树种。

生境特点： 喜温暖湿润气候，稍耐阴，对土壤的适应性强。

PLANT 289 二乔玉兰 *Magnolia soulangeana* Soul.-Bod.
木兰科木兰属

形态特征： 落叶大乔木。高30m。株高7~9m，为玉兰和木兰的杂交种。叶倒卵形至卵状长椭圆形。花蕾卵圆形，花先叶开放，浅红色至深红色；花大，呈钟状，内面白色，外面淡紫，有芳香，花萼似花瓣，但长仅达其半，亦有呈小形而绿色者。叶前开花，花期与玉兰相近。聚合果长约8cm，直径约3cm；蓇葖卵圆形或倒卵圆形，长1~1.5cm，熟时黑色，具白色皮孔。种子深褐色，宽倒卵形或倒卵圆形，侧扁。花期2~3月，果期9~10月。

应用价值： 二乔玉兰是早春色香俱全的观花树种，花大色艳，观赏价值很高，是城市绿化的极好花木。广泛用于公园、绿地和庭园等孤植观赏。

生境特点： 适合生长于坡地、林缘。

PLANT 290 法国梧桐（二球悬铃木） *Platanus acerifolia* (Ait.) Willd.
悬铃木科悬铃木属

形态特征： 落叶大乔木。高30m。树冠阔钟形，干皮灰褐色至灰白色，呈薄片状剥落。幼枝、幼叶密生褐色星状毛。叶掌状5~7裂，深裂达中部，裂片长大于宽，叶基阔楔形或截形，叶缘有牙齿，掌状脉；托叶圆领状。花序头状，黄绿色。多数坚果聚合成球形，3~6球成一串，宿存花柱长，呈刺毛状，果柄长而下垂。花期4~5月，果期9~10月。

应用价值： 是世界著名的优良庭荫树和行道树，果可入药，木材可制作家具。

生境特点： 对土壤要求不严。

PLANT 291 桃 *Amygdalus persica* Linn.
蔷薇科桃属

形态特征： 落叶乔木。高3～8m。树冠宽广而平展，树皮暗红褐色，老时粗糙呈鳞片状。小枝细长，无毛，有光泽，绿色，向阳处转变成红色，具大量小皮孔；冬芽圆锥形，顶端钝，外被短柔毛，常2～3个簇生，中间为叶芽，两侧为花芽。叶片长圆披针形、椭圆披针形或倒卵状披针形，长7～15cm，宽2～3.5cm，先端渐尖，基部宽楔形，表面无毛，背面在脉腋间具少数短柔毛或无毛，叶边具细锯齿或粗锯齿，齿端具腺体或无腺体；叶柄粗壮，长1～2cm，常具1至数枚腺体，有时无腺体。花单生，先于叶开放，直径2.5～3.5cm；花梗极短或几无梗；萼筒钟形，被短柔毛，稀几无毛，绿色而具红色斑点；萼片卵形至长圆形，顶端圆钝，外被短柔毛；花瓣长圆状椭圆形至宽倒卵形，粉红色，罕为白色；雄蕊20～30，花药绯红色；花柱几与雄蕊等长或稍短；子房被短柔毛。果实形状和大小均有变异，卵形、宽椭圆形或扁圆形，直径（3）5～7（12）cm，长几与宽相等，色泽变化由淡绿白色至橙黄色，常在向阳面具红晕，外面密被短柔毛，稀无毛，腹缝明显，果梗短而深入果洼；果肉白色、浅绿白色、黄色、橙黄色或红色，多汁有香味，甜或酸甜；核大，离核或粘核，椭圆形或近圆形，两侧扁平，顶端渐尖，表面具纵、横沟纹和孔穴；种仁味苦，稀味甜。花期3～4月，果实成熟期因品种而异，通常为8～9月。

应用价值： 果实可食用，制成桃胶。亦可作药用。

生境特点： 广泛栽培，世界各地均有栽植。

PLANT 292 合欢 *Albizia julibrissin* Durazz.
豆科合欢属

形态特征： 落叶乔木。高可达16m。树冠开展，小枝有棱角，嫩枝、花序和叶轴被绒毛或短柔毛。托叶线状披针形，较小叶小，早落。二回羽状复叶，总叶柄近基部及最顶一对羽片着生处各有1枚腺体；羽片4~12对，栽培的有时达20对；小叶10~30对，线形至长圆形，长6~12mm，宽1~4mm，向上偏斜，先端有小尖头，有缘毛，有时在背面或仅中脉上有短柔毛；中脉紧靠上边缘。头状花序于枝顶排成圆锥花序；花粉红色；花萼管状，长3mm；花冠长8mm，裂片三角形，长1.5mm，花萼、花冠外均被短柔毛；花丝长2.5cm。荚果带状，长9~15cm，宽1.5~2.5cm，嫩荚有柔毛，老荚无毛。花期6~7月，果期8~10月。

应用价值： 药用，治疗肺痈、跌打损伤、小儿撮口风、中风挛缩。可供观赏，用作园景树、行道树、风景区造景树、滨水绿化树、工厂绿化树和生态保护树等。

生境特点： 合欢喜温暖湿润和阳光充足环境，对气候和土壤适应性强，宜在排水良好、肥沃土壤生长，但也耐瘠薄和干旱，但不耐水涝。生于山坡，也有人工栽培。

PLANT 293 黄檀 *Dalbergia hupeana* Hance
豆科黄檀属

形态特征： 落叶乔木。高10~20m，树皮暗灰色，呈薄片状剥落。幼枝淡绿色，无毛。羽状复叶长15~25cm；小叶3~5对，近革质，椭圆形至长圆状椭圆形，先端钝，或稍凹入，基部圆形或阔楔形，两面无毛，细脉隆起，叶正面有光泽。圆锥花序顶生或生于最上部的叶腋间，疏被锈色短柔毛；花密集，花冠白色或淡紫色。荚果长圆形或阔舌状。种子肾形。花果期5~10月。

应用价值： 优质用材树种，木材坚韧、致密，可作各种负重力及拉力强的用具及器材；果实可以榨油。花香，开花能吸引大量蜂蝶，也可放养紫胶虫。园林绿化树种，可作庭荫树、风景树、行道树应用，也可作为石灰质土壤绿化树种。其根皮入药，具有清热解毒、止血消肿之功效。

生境特点： 生于山地林中或灌丛中，在山沟溪旁及有小树林的坡地常见。

PLANT 294 苦楝 *Melia azedarach* Linn.
楝科楝属

形态特征： 落叶乔木。高达10m，树皮灰褐色，纵裂。分枝广展，小枝有叶痕。叶为2～3回奇数羽状复叶；小叶对生，卵形、椭圆形至披针形，顶生一片通常略大，先端短渐尖，基部楔形或宽楔形，多少偏斜，边缘有钝锯齿。圆锥花序约与叶等长，无毛或幼时被鳞片状短柔毛；花芳香；花萼5深裂，裂片卵形或长圆状卵形，先端急尖，外面被微柔毛；花瓣淡紫色，倒卵状匙形，两面均被微柔毛，通常外面较密。核果球形至椭圆形。种子椭圆形。花期4～5月，果期10～12月。

应用价值： 树形优美，枝条秀丽，在春夏之交开淡紫色花，香味浓郁，耐烟尘，抗二氧化硫能力强，并能杀菌，适宜作庭荫树和行道树，是良好的城市及矿区绿化树种。木材是家具、建筑、农具、舟车、乐器等良好用材。用鲜叶可灭钉螺和作农药，用根皮可驱蛔虫和钩虫，但有毒，用时要严遵医嘱。根皮粉调醋可治疥癣；用苦楝子做成油膏可治头癣。果核仁油可供制油漆、润滑油和肥皂。

生境特点： 生于旷野或路旁，常栽培于屋前房后。

PLANT 295 香椿 *Toona sinensis* (A. Juss.) Roem.
楝科香椿属

形态特征： 落叶乔木，高达25m，树皮粗糙，深褐色，片状脱落。叶具长柄，偶数羽状复叶；小叶16~20，对生或互生，纸质，卵状披针形或卵状长椭圆形，先端尾尖，基部一侧圆形，另一侧楔形，不对称，边全缘或有疏离的小锯齿，两面均无毛，无斑点，背面常呈粉绿色，侧脉每边18~24条，平展，与中脉几成直角开出，背面略凸起。圆锥花序与叶等长或更长，被稀疏的锈色短柔毛或有时近无毛，小聚伞花序生于短的小枝上，多花；花瓣白色，长圆形，先端钝，无毛；蒴果狭椭圆形；种子基部通常钝，上端有膜质的长翅，下端无翅。花期6~8月，果期10~12月。

应用价值： 药用，有补虚壮阳固精、补肾养发生发、消炎止血止痛、行气理血健胃等作用。香椿头营养丰富，被称为"树上蔬菜"，可做各种菜肴。木材为家具、室内装饰品及造船的优良木材。亦是优良的观赏及行道树种。

生境特点： 喜光，较耐湿，适宜生长于河边、宅院周围肥沃湿润的土壤中，一般以砂壤土为好。

PLANT 296 乌桕 *Sapium sebiferum* (Linn.) Roxb.
大戟科乌桕属

形态特征： 落叶乔木。高可达15m。各部均无毛而具乳状汁液；树皮暗灰色，有纵裂纹；枝广展，具皮孔。叶互生，纸质，叶片菱形、菱状卵形或稀有菱状倒卵形，顶端骤然紧缩，具长短不等的尖头，基部阔楔形或钝，全缘；中脉两面微凸起，侧脉6~10对，纤细，斜上升，离缘2~5mm弯拱网结，网状脉明显；叶柄纤细，顶端具2腺体；托叶顶端钝。花单性，雌雄同株，聚集成顶生、长6~12cm的总状花序，雌花通常生于花序轴最下部或罕有在雌花下部亦有少数雄花着生，雄花生于花序轴上部或有时整个花序全为雄花。蒴果梨状球形，成熟时黑色。种子扁球形，黑色，外被白色、蜡质的假种皮。花期4~8月，果期10~11月。

应用价值： 根皮药用，可杀虫、解毒、利尿、通便。是我国南方重要的工业油料树种。园林绿化中可栽作护堤树、庭荫树及行道树。

生境特点： 生于旷野、塘边或疏林中。

PLANT 297 黄山栾树（复羽叶栾树）

Koelreuteria bipinnata Franch.
无患子科栾树属

形态特征： 落叶乔木。高可达20m，皮孔圆形至椭圆形；枝具小疣点。叶平展，二回羽状复叶；叶轴和叶柄向轴面常有一纵行皱曲的短柔毛；小叶9~17枚，互生，很少对生，纸质或近革质，斜卵形，顶端短尖至短渐尖，基部阔楔形或圆形，略偏斜，边缘有内弯的小锯齿，两面无毛或叶正面中脉上被微柔毛，背面密被短柔毛，有时杂以皱曲的毛；小叶柄长约3mm或近无柄。圆锥花序大型，分枝广展。蒴果椭圆形或近球形，淡紫红色，老熟时褐色。种子近球形。花期7~9月，果期8~10月。

应用价值： 宜作庭荫树、行道树及园景树，也可用作防护林、水土保持及荒山绿化树种。花为黄色染料；木材可制家具；种子可制成佛珠。根入药，有消肿、止痛、活血、驱蛔之功，亦治风热咳嗽；花能清肝明目，清热止咳。

生境特点： 喜生于石灰质土壤，也能耐盐碱及短期水涝。生于海拔400~2500m的山地疏林中。

PLANT 298 无患子 *Sapindus saponaria* Linn.
无患子科无患子属

形态特征： 落叶大乔木。高可达20m，树皮灰褐色或黑褐色，嫩枝绿色，无毛。叶连柄长25～45cm或更长，叶轴稍扁，叶正面两侧有直槽，无毛或被微柔毛；小叶5～8对，通常近对生，叶片薄纸质，长椭圆状披针形或稍呈镰形，顶端短尖或短渐尖，基部楔形，稍不对称，腹面有光泽，两面无毛或背面被微柔毛；侧脉纤细而密，约15～17对，近平行；小叶柄长约5mm。花序顶生，圆锥形；花小，辐射对称，花梗常很短；萼片卵形或长圆状卵形，外面基部被疏柔毛；花瓣5，披针形，有长爪，外面基部被长柔毛或近无毛，鳞片2个，小耳状；花盘碟状，无毛。分果近球形，直径2～2.5cm，橙黄色，干时变黑。花期春季，果期夏秋。

应用价值： 药用，清热、祛痰、消积、杀虫。是彩叶树种之一，是优良绿化观叶、观果树种。果皮含无患子皂苷等三萜皂苷，可制造"天然无公害洗洁剂"。果核用于制作天然工艺品及佛教念珠。种仁含油量高，用来提取油脂，制造天然滑润油。

生境特点： 各地寺庙、庭园和村边常见栽培。耐干旱、水湿。

PLANT 299 白花泡桐 *Paulownia fortunei* (Seem.) Hemsl.
泡桐科泡桐属

形态特征： 落叶乔木。高达30m。树冠圆锥形，主干直，胸径可达2m，树皮灰褐色。幼枝、叶、花序各部和幼果均被黄褐色星状绒毛，但叶柄、叶片正面和花梗渐变无毛。叶片长卵状心脏形，有时为卵状心脏形。花序枝几无或仅有短侧枝，故花序狭长几成圆柱形，小聚伞花序有花3~8朵，花冠管状漏斗形，白色仅背面稍带紫色或浅紫色。蒴果长圆形或长圆状椭圆形，长6~10cm，顶端之喙长达6mm，宿萼开展或漏斗状，果皮木质，厚3~6mm；种子连翅长6~10mm。花期3~4月，果期7~8月。

应用价值： 根皮药用，研细拌甜酒敷治肿毒，泡酒喝治气痛。

生境特点： 生长于低海拔的山坡、林中、山谷及荒地。

PLANT 300 华东泡桐（台湾泡桐） *Paulownia kawakamii* T. Itö
泡桐科泡桐属

形态特征： 落叶小乔木。高达12m，树冠伞形，主干矮。小枝褐灰色，有明显皮孔。叶心形，大者长达48cm，先端锐尖，全缘或3~5裂或有角，两面有粘毛，老时显现单条粗毛，上面常有腺；叶柄较长，幼时具长腺毛。花序枝的侧枝发达而几与中央主枝等长或稍短，花序为宽大圆锥形，花冠近钟形，浅紫或蓝紫色，外面有腺毛，管基部细缩，向上扩大，檐部二唇形。蒴果卵圆形，顶端有短喙，果皮薄，厚不到1mm，宿萼辐射状，常强烈反卷。种子长圆形，连翅长3~4mm。花期4~5月，果期8~9月。

应用价值： 根皮药用，治疗跌打损伤、瘀血肿痛。本种主干低矮，不太适宜造林，但因叶有黏质，不受虫害。

生境特点： 生于低海拔的山坡灌丛、疏林及荒地。

参考文献

包满珠. 花卉学[M]. 北京: 中国农业出版社, 2011.
陈有民. 园林树木学（修订版）[M]. 北京: 中国林业出版社, 2013.
贺学礼. 植物学[M]. 北京: 科学出版社, 2008.
李根有, 李修鹏, 张芬耀, 等. 宁波珍稀植物[M]. 北京: 科学出版社, 2017.
李根有, 陈征海, 桂祖云. 浙江野果200种精选图谱[M]. 北京: 科学出版社, 2013.
林有润, 韦强, 谢振华. 有害植物[M]. 南方日报出版社, 2010.
马丹丹, 吴家森. 宁波植物图鉴. 第一卷[M]. 北京: 科学出版社, 2018.
强胜. 杂草学[M]. 北京: 中国农业出版社, 2010.
浙江植物志编辑委员会. 浙江省植物志[M]. 杭州: 浙江科技出版社, 1993.
中国科学院中国植物志编辑委员会, 中国植物志[M]. 北京: 科学出版社, 2015.

中文名索引

A

阿拉伯婆婆纳	38
艾蒿	92
凹头苋	8

B

白苞蒿	92
白车轴草（白三叶）	77
白顶早熟禾	59
白花鬼针草	42
白花堇菜	79
白花泡桐	170
白花益母草	33
白马骨	148
白茅	105
白英	129
斑茅	110
半边莲	91
棒头草	60
薄荷	88
宝盖草	32
抱茎小苦荬	95
北美独行菜	16
北美毛车前	40
博落回	75

C

苍耳	52
菖蒲	115
长刺酸模	6
长戟叶蓼	5
长芒稗	57
长鬃蓼	4

车前	89
橙红茑萝	128
池杉	155
齿果酸模	68
翅果菊	50
臭荠	15
垂柳	156
垂穗薹草	111
刺儿菜	94
刺果毛茛	12
刺苋	8
丛枝蓼	5
酢浆草	78

D

大巢菜	21
大狗尾草	60
大狼把草	42
大藻	116
稻槎菜	49
地耳草	25
荻	106
点地梅	30
东南茑草	129
盾果草	31
多裂翅果菊	91

E

鹅观草	109
二乔玉兰	161

F

法国梧桐（二球悬铃木）	161

繁缕	12
费城飞蓬	47
粉绿狐尾藻	82
粉团蔷薇	135
风车草（旱伞草）	112
风轮菜	86
枫杨	158
凤眼莲	116
伏生紫堇（夏天无）	75
浮萍	62
附地菜	31

G

甘菊	94
杠板归	123
高粱泡	136
葛藤（葛麻姆、白花银背藤）	137
狗尾草	61
狗牙根	103
枸杞	147
构树	159
菰（茭白）	111
牯岭蛇葡萄	138

H

还亮草	72
海金沙	122
蔊菜	17
旱柳	157
合欢	163
合萌	17
何首乌	123
盒子草	130

黑麦草	105	狼尾草	108	婆婆纳	38
黑藻	100	藜	6	破铜钱	84
胡枝子	146	鳢肠	45	匐茎通泉草	89
花叶芦竹	102	荔枝草	34	菩提子（薏苡）	56
华东泡桐（台湾泡桐）	170	莲（荷花）	71	蒲儿根	50
槐叶	67	蓼子草	3	蒲公英	97
黄鹌菜	53	瘤梗甘薯	127	蒲苇	102
黄菖蒲	118	柳叶菜	81		
黄瓜菜	49	龙葵	35	**Q**	
黄花水龙	81	芦苇	109	七星莲（蔓茎堇菜）	25
黄山栾树（复羽叶栾树）	168	芦竹	101	漆姑草	11
黄檀	164	葎草（拉拉秧）	122	千里光	130
黄香草木樨	19	卵叶异檐花	41	千屈菜	80
活血丹	87	萝藦	126	荩草（芒尖苔草）	112
藿香蓟	41			窃衣	29
		M		青葙	9
J		马棘	145	苘麻	24
鸡矢藤	139	马兰	96	球序卷耳	10
鸡眼草	18	马蹄金	86	雀麦	56
积雪草	83	满江红	3	雀梅藤	132
荠	14	芒	107	雀舌草	11
加拿大一枝黄花	96	猫爪草	13		
加杨（意杨）	156	毛茛	73	**R**	
节节菜	26	茅莓	137	忍冬	132
节节草	65	美洲商陆	70	柔弱斑种草	30
睫毛牛膝菊	47	蜜柑草	24		
金灯藤	127	绵毛酸模叶蓼	4	**S**	
荩草	54	母草	36	三籽两型豆	124
井栏边草	66	木防己	134	桑	160
靓黄美人蕉	119			扫帚菜	7
菹草	98	**N**		山莓	144
蕨	65	南川柳	157	少花象耳草	100
爵床	40	泥胡菜	48	蛇床	27
		茑萝	128	蛇含委陵菜	77
K		牛繁缕（鹅肠菜）	71	蛇莓	76
看麦娘	54	牛筋草	58	升马唐	57
糠稷	58	牛膝	69	湿地松	152
刻叶紫堇	14	糯米团	67	石菖蒲	115
苦草	101			石胡荽	43
苦苣菜	51	**O**		石荠苎	33
苦楝	165	欧洲慈姑	99	石龙芮	13
苦蘵	35			疏花野青茅	103
		P		鼠曲草	48
L		蓬蘽	147	鼠尾粟	110
狼把草	43	蘋	66	双穗雀稗	107

水葱	114	苇状羊茅（高羊茅）	104	野老鹳草	78
水苦荬	39	蚊母草	37	野菱	27
水毛花	114	乌桕	167	野蔷薇	135
水芹	85	乌蔹莓	125	野山楂	143
水杉	154	无患子	169	野塘蒿（香丝草）	44
水苏	88	五节芒	106	野茼蒿（革命菜）	45
水蓑衣	39			野燕麦	55
水蜈蚣	113	**X**		野紫苏	34
水竹	148	喜旱莲子草	70	叶下珠	23
水烛	97	细风轮菜	87	一点红	46
睡莲	72	细叶旱芹	28	一年蓬	46
四叶萍	90	香椿	166	异叶爬山虎	139
四籽野豌豆	22	香附子	113	益母草	32
酸模	68	香菇草（钱币草）	84	虉草	108
碎米荠	15	香蒲	98	禺毛茛	73
碎米莎草	61	香樟	152	元宝草	79
穗花狐尾藻	82	小巢菜	20		
梭鱼草（海寿花）	117	小茨藻	53	**Z**	
		小飞蓬	44	再力花	119
T		小构树	142	早熟禾	59
桃	162	小果菝葜	149	蚤缀	10
藤葡蟠	133	小果蔷薇（小金樱）	131	泽漆	23
天胡荽	83	小苦荬（齿缘苦荬菜）	95	泽珍珠菜	85
天葵	74	小蜡	146	窄叶野豌豆	21
天蓝苜蓿	19	小窃衣	29	知风草	104
天名精	93	薤白（小根蒜）	118	直立婆婆纳	37
田菁	20	续断菊	51	皱果苋	9
铁苋菜	22			珠芽景天	76
通泉草	36	**Y**		诸葛菜	16
秃瓣杜英	153	鸭跖草	63	猪殃殃	90
菟丝子	126	眼子菜	99	苎麻	142
土茯苓（光叶菝葜）	149	扬子毛茛	74	紫花地丁	80
土荆芥	7	羊蹄	69	紫花堇菜	26
土圞儿	124	野艾蒿	93	紫萍	62
		野大豆	125	紫云英	18
W		野灯心草	117	棕榈	153
菵草	55	野胡萝卜	28	钻形紫菀	52

学名索引

A

Abutilon theophrasti	24
Acalypha australis	22
Achyranthes bidentata	69
Acorus calamus	115
Acorus tatarinowii	115
Actinostemma tenerum	130
Aeschynomene indica	17
Ageratum conyzoides	41
Albizia julibrissin	163
Allium macrostemon	118
Alopecurus aequalis	54
Alternanthera philoxeroides	70
Amaranthus lividus	8
Amaranthus spinosus	8
Amaranthus viridis	9
Ampelopsis brevipedunculata	138
Amphicarpaea edgeworthii	124
Amygdalus persica	162
Androsace umbellata	30
Apios fortunei	124
Arenaria serpyllifolia	10
Artemisia argyi	92
Artemisia lactiflora	92
Artemisia lavandulifolia	93
Arthraxon hispidus	54
Arundo donax	101
Arundo donax	102
Astragalus sinicus	18
Avena fatua	55
Azolla imbricata	3

B

Beckmannia syzigachne	55
Bidens frondosa	42
Bidens pilosa	42
Bidens tripartita	43
Boehmeria nivea	142
Bothriospermum tenellum	30
Bromus japonicus	56
Broussonetia kaempferi	133
Broussonetia kazinoki	142
Broussonetia papyrifera	159

C

Canna indica	119
Capsella bursa-pastoris	14
Cardamine hirsuta	15
Carex dimorpholepis	111
Carex doniana	112
Carpesium abrotanoides	93
Cayratia japonica	125
Celosia argentea	9
Centella asiatica	83
Centipeda minima	43
Cerastium glomeratum	10
Chenopodium album	6
Chrysanthemum lavandulifolium	94
Cinnamomum camphora	152
Cirsium arvense	94
Clinopodium chinense	86
Clinopodium gracile	87
Cnidium monnieri	27
Cocculus orbiculatus	134
Coix lacryma-jobi	56
Commelina communis	63
Conyza bonariensis	44
Conyza canadensis	44
Coronopus didymus	15
Cortaderia selloana	102
Corydalis decumbens	75
Corydalis incisa	14
Crassocephalum crepidioides	45
Crataegus cuneata	143
Cuscuta chinensis	126
Cuscuta japonica	127
Cyclospermum leptophyllum	28

Cynodon dactylon	103	*Geranium carolinianum*	78	*Lemna minor*	62
Cyperus involucratus	112	*Glechoma longituba*	87	*Leonurus japonicus*	32
Cyperus iria	61	*Glycine soja*	125	*Leonurus japonicus*	33
Cyperus rotundus	113	*Gnaphalium affine*	48	*Lepidium virginicum*	16
		Gonostegia hirta	67	*Lespedeza bicolor*	146
D				*Ligustrum sinense*	146
Dalbergia hupeana	164	**H**		*Lindernia crustacea*	36
Daucus carota	28	*Hemisteptia lyrata*	48	*Lobelia chinensis*	91
Delphinium anthriscifolium	72	*Humulus scandens*	122	*Lolium perenne*	105
Deyeuxia effusiflora	103	*Hydrilla verticillata*	100	*Lonicera japonica*	132
Dichondra micrantha	86	*Hydrocotyle sibthorpioides*	83	*Ludwigia peploides*	81
Digitaria ciliaris	57	*Hydrocotyle sibthorpioides*	84	*Lycium chinense*	147
Duchesnea indica	76	*Hydrocotyle vulgaris*	84	*Lygodium japonicum*	122
Dysphania ambrosioides	7	*Hygrophila ringens*	39	*Lysimachia candida*	85
		Hypericum japonicum	25	*Lythrum salicaria*	80
		Hypericum sampsonii	79		
E				**M**	
Echinochloa caudata	57				
Echinodorus parviflours	100	**I**		*Macleaya cordata*	75
Eclipta prostrata	45	*Imperata cylindrica*	105	*Magnolia soulangeana*	161
Eichhornia crassipes	116	*Indigofera pseudotinctoria*	145	*Marsilea quadrifolia*	66
Elaeocarpus glabripetalus	153	*Ipomoea lacunosa*	127	*Mazus miquelii*	89
Eleusine indica	58	*Iris pseudacorus*	118	*Mazus pumilus*	36
Emilia sonchifolia	46	*Ixeridium dentatum*	95	*Medicago lupulina*	19
Epilobium hirsutum	81	*Ixeridium sonchifolium*	95	*Melia azedarach*	165
Equisetum ramosissimum	65			*Melilotus officinalis*	19
Eragrostis ferruginea	104	**J**		*Mentha canadensis*	88
Erigeron annuus	46	*Juncus setchuensis*	117	*Metaplexis japonica*	126
Erigeron philadelphicus	47			*Metasequoia glyptostroboides*	154
Euphorbia helioscopia	23	**K**		*Miscanthus floridulus*	106
		Kalimeris indica	96	*Miscanthus sacchariflorus*	106
F		*Kochia scoparia*	7	*Miscanthus sinensis*	107
Fallopia multiflora	123	*Koelreuteria bipinnata*	168	*Morus alba*	160
Festuca arundinacea Schreb.	104	*Kummerowia striata*	18	*Mosla scabra*	33
		Kyllinga brevifolia	113	*Myosoton aquaticum*	71
G				*Myriophyllum aquaticum*	82
Galinsoga quadriradiata	47	**L**		*Myriophyllum spicatum*	82
Galium bungei	90	*Lamium amplexicaule*	32		
Galium spurium	90	*Lapsanastrum apogonoides*	49		

N

Nelumbo nucifera	71
Nymphaea rubra	72

O

Oenanthe javanica	85
Orychophragmus violaceus	16
Oxalis corniculata	78

P

Paederia scandens	139
Panicum bisulcatum	58
Paraixeris denticulata	49
Parthenocissus dalzielii	139
Paspalum distichum	107
Paulownia fortunei	170
Paulownia kawakamii	170
Pennisetum alopecuroides	108
Perilla frutescens	34
Phalaris arundinacea	108
Phragmites australis	109
Phyllanthus urinaria	23
Phyllanthus ussuriensis	24
Phyllostachys heteroclada	148
Physalis angulata	35
Phytolacca americana	70
Pinus elliottii	152
Pistia stratiotes	116
Plantago asiatica	89
Plantago virginica	40
Platanus acerifolia	161
Poa acroleuca	59
Poa annua	59
Polygonum criopolitanum	3
Polygonum lapathifolium	4
Polygonum longisetum	4
Polygonum maackianum	5
Polygonum perfoliatum	123
Polygonum posumbu	5
Polypogon fugax	60
Pontederia cordata	117
Populus × canadensis	156
Potamogeton crispus	98
Potamogeton distinctus	99
Potentilla kleiniana	77
Pteridium aquilinum	65
Pteris multifida	66
Pterocarya stenoptera	158
Pterocypsela indica	50
Pterocypsela laciniata	91
Pueraria montana	137

Q

Quamoclit hederifolia	128
Quamoclit pennata	128

R

Ranunculus cantoniensis	73
Ranunculus japonicus	73
Ranunculus muricatus	12
Ranunculus sceleratus	13
Ranunculus sieboldii	74
Ranunculus ternatus	13
Roegneria tsukushiensis	109
Rorippa indica	17
Rosa cymosa	131
Rosa multiflora	135
Rosa multiflora	135
Rostellularia procumbens	40
Rotala indica	26
Rubia argyi	129
Rubus corchorifolius	144
Rubus hirsutus	147
Rubus lambertianus	136
Rubus parvifolius	137
Rumex acetosa	68
Rumex dentatus	68
Rumex japonicus	69
Rumex trisetifer	6

S

Saccharum arundinaceum	110
Sageretia thea	132
Sagina japonica	11
Sagittaria sagittifolia	99
Salix babylonica	156
Salix matsudana	157
Salix rosthornii	157
Salvia plebeia	34
Salvinia natans	67
Sapindus saponaria	169
Sapium sebiferum	167
Schoenoplectus mucronatus	114
Schoenoplectus tabernaemontani	114
Sedum bulbiferum	76
Semiaquilegia adoxoides	74
Senecio scandens	130
Serissa serissoides	148
Sesbania cannabina	20
Setaria faberii	60
Setaria viridis	61
Sinosenecio oldhamianus	50
Smilax davidiana	149
Smilax glabra	149
Solanum lyratum	129
Solanum nigrum	35
Solidago canadensis	96
Sonchus asper	51
Sonchus oleraceus	51
Spirodela polyrhiza	62
Sporobolus fertilis	110
Stachys japonica	88
Stellaria alsine	11

Stellaria media	12	*Triodanis perfoliata*	41	*Viola diffusa*	25
Symphyotrichum subulatum	52	*Typha angustifolia*	97	*Viola grypoceras*	26
		Typha orientalis	98	*Viola lactiflora*	79
				Viola philippica	80

T

V

Taraxacum mongolicum	97				
Taxodium distichum	155	*Vallisneria natans*	101	**X**	
Thalia dealbata	119	*Veronica arvensis*	37	*Xanthium sibiricum*	52
Thyrocarpus sampsonii	31	*Veronica peregrina*	37		
Toona sinensis	166	*Veronica persica*	38		
Torilis japonica	29	*Veronica polita*	38	**Y**	
Torilis scabra	29	*Veronica undulata*	39	*Youngia japonica*	53
Trachycarpus fortunei	153	*Vicia hirsuta*	20		
Trapa incisa	27	*Vicia sativa*	21	**Z**	
Trifolium repens	77	*Vicia sativa*	21	*Zizania caduciflora*	111
Trigonotis peduncularis	31	*Vicia tetrasperma*	22		